勝間式超コントロール思考

Katsuma Kazuyo　　[日] 胜间和代 著　　董纾含 译

稳定感

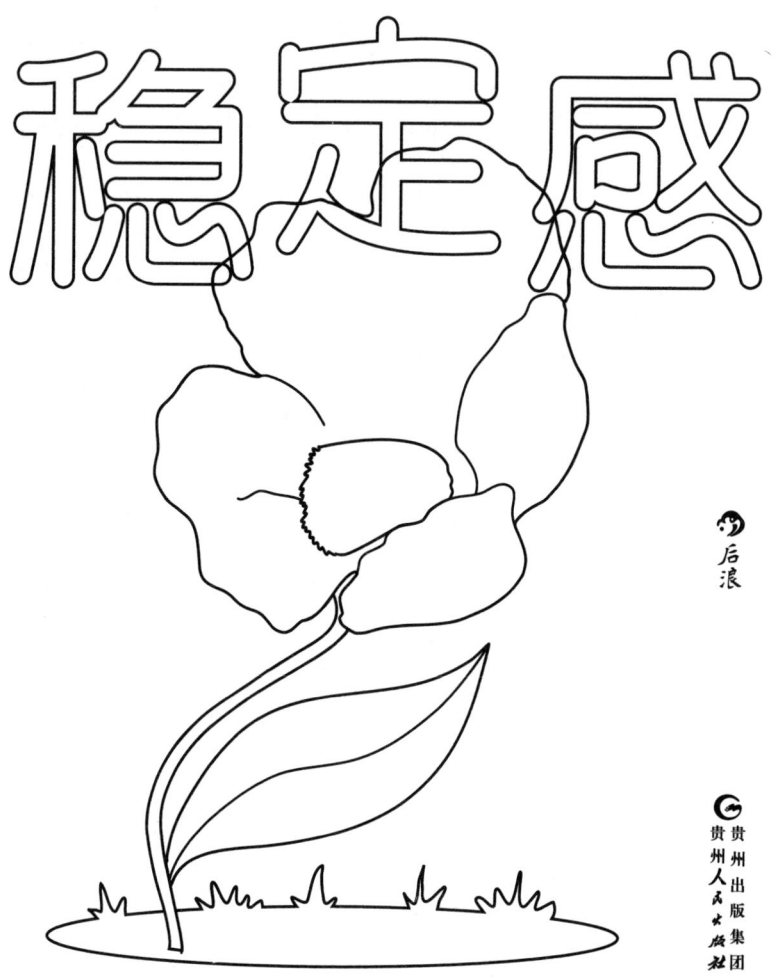

后浪

贵州出版集团
贵州人民出版社

前　言

在介绍接下来的内容之前，我想先问大家一个问题：你如何看"控制"这个词？

或许，很多人听到这个词的第一反应是：
"不想被他人的控制。"

也就是说，大部分人对"控制"的看法是比较负面的。
一般使用"那个人会控制事物的方方面面"这种表达方式，大抵都是在他人背后偷偷说坏话的时候吧。并且，通常不会使用"你这个人真是很有控制的手段"这类的说法。

除了"控制"这个词之外，"那个人什么都想管，是个控制欲超强的控制狂"这种表达方式，俨然给人一种将自己的意志强加给他人，企图操控他人的印象。这样一来，这个词的贬义色彩愈发浓烈了。

不过，我想请大家再重新思考一下这个词。听到"控制"这个词的时候，或许很多人都会认为这是一个贬义词，但是如果我们重新将"控制"定义为：在关爱自身与他人的同时，高效利用时间与金钱，按照自己的计划推进事情。又会如何呢？

我想大家一定会立刻意识到，其实每个人都想要拥有这样的控制能力。如果进一步解释，那就是：

"明确自身与他人之间的自主权，并促使双方达成一个更好的结果。"

也就是说，所谓"控制"是指不随波逐流地活着，而是让自己成为主角，主动经营生活。继而进一步带动周围的环境，令其为自己所用。

那么，我们应该怎样做才能实现主动经营生活呢？我们又该怎样去控制纷繁复杂的事与物呢？

这需要我们具备下面举出的几点生活态度。同时还要做好心理准备，在实现目标前，需要不断地摸索和尝试。

· 注意自身的压力和对问题的认知。
· 不要对世间所有的常识抱有理所当然的意识，而是要试着去质疑。
- 因为个体能够做到的事情是有限的，所以要养成和他人通力合作的习惯，并掌握合作技巧。
- 了解各种各样的选择方案与解决方法。

有一个心理学用语叫作"**自我效能（Self-efficacy）**"，意为有效带动周围环境，并为自己所用。

一个人的自我效能越高，在面对各种情况时就会越积极。当解决一件事的过程遇到障碍时，他也拥有突破障碍的能力。

比如说，我们一般都会认为钱越多，人就会越幸福，但金钱其实并不是衡量一个人是否幸福的唯一标准。而是**因为有了钱，能够产生更多的选项，我们可以从诸多的选项中选择最合适的**。这相当于是扩大了自身能够控制的范围。这样一来，不仅生活会变得更轻松，我们也会感到更加幸福。

人之所以会产生压力是因为遭遇困难时，我们并不认为自己能够找到解决问题的办法。

但是，倘若在面对困难之前，已经掌握了解决问题的方法，或者推动进展的办法，我们就能避免被压力拖垮，并顺利解决问题。

在本书开头,我提到了"不想被他人控制"这种情况。如果想要避免这类问题,我们就要亲手握住人生的方向盘,主动控制自身,并且每天坚持学习控制方法。

我在生活中时常被周围人称为**罕见的超控制型思维者**,因此,在本书中我会从工作、金钱、娱乐、健康、人际关系等各个方面,通过列举具体案例,来分析说明我们该如何有效控制自己的人生。

- 其实,我们的生活几乎都可按我们自身的想法和速度推进。
- 清晨起床时,对自己的人生怀有一种无上的喜悦感,这样每一天才能过得无忧无虑。
- 学会如何有效利用时间,每天都能高效完成所有事。
- 如果可以控制赚钱和花钱的方法,那么我们就能一直保证资金充足,且不会造成浪费。
- 美味的食物和适当的运动,能消除心灵和身体的疲劳。
- 虽然我们会遇到难题,但是也能积极解决困难,每日不断进步。

如果你拥有了"超控制型思维",那么以上这些美好事例会频繁地出现在你的生活里。如果每天的压力都能得到消解,那么我们每个人的生活都会变得更加安稳、舒适,人际关系也会越来越好。

话说回来，我之所以会拥有这种超控制型思维，是和我本人的性格有着必然联系的。

其实，我有着某种发育障碍——也就是ADHD（注意缺陷、多动障碍）的倾向，同时还属于高度敏感人群（Highly Sensitive Person），可以说我是一个有着诸多敏感特质的人。

因为高度敏感的缘故，在复杂多变的生活环境和社会环境之中，我无法忍受很多一般人能够忍受的事。简单来说，我属于那种抗压能力很弱的人。

我过度在意噪声，很难接受异常气味，无法长时间安静地待着。也可以说，我很难细水长流地学习。对我来说，这样做的难度实在太大了。因此，我从小就需要"控制"自己和周围环境，不这样做的话，我的日常生活会过得非常坎坷、极度不顺。

我曾做过包含"外倾性""宜人性""责任性""情绪稳定性""经验开放性"这五大要素在内的一种心理学诊断——"大五人格理论"，结果显示我属于"情绪稳定性较低"的类型。

如果我无法保证自己在一定程度、一定状况、一定时间内处于能够控制自身的状态，那么我就会感到十分不安，精神状况也会随之变得不安定。

但是，只要能够充分利用不断更新换代的电子设备，以及不断扩大的人际关系网，我就能不断改善生活状态，看待事物的视角也会产生新的变化。我发现，其实能够通过一些方法和技巧，将时间、金钱、劳动力等所有事项都安排得井井有条且合乎预期。

并且，没有注意缺陷与多动障碍和高度敏感这方面困扰的人，也能够通过我接下来介绍的技巧改变人生。因此，我非常想要将其推荐给大家。

本书将在序章部分整体讲述控制型思维，从第一章开始，我将分别从工作、金钱、健康、人际关系、家务、娱乐这六大主题出发，详细说明掌控自我人生的方法。

从今天开始，请大家一定要将"控制"一词放在随时都能看到的位置。也希望大家在阅读本书后，能够更加明确地规划自己的多彩人生和美好未来！

目　录

前　言　i

序　章　我们为何需要"超控制型思维"　1

难以掌控方向盘＝被动工作　4

身在企业内，依然可以实行"控制"手段　7

个人压力也可通过"超控制性思维"清除　10

注意在无意识状态下感受到的不快　11

"失去控制权"的陷阱就潜伏在日常生活中　16

"控制力"是可以锻炼的　18

拥有超控制型思维，第一关键是"扩大选择范围"　19

扩大选择范围的条件　22

拥有超控制型思维，第二个关键是"获得知识"　23

"超控制型思维"的基础就是"收集信息的欲望"　26

沟通有助于收集信息　27

获得控制力的最大障碍："习得性无助"　29

超控制型思维有助知性的发展　33

第一章　控制工作　37

　　确保"充裕率"　41

　　高难度女性职场控制技术　45

　　为生活而工作　46

　　从周围的环境开始"控制"　47

　　以分秒为单位，减少工作量　51

　　闲谈的能力可以突破瓶颈　55

　　舒适性比效率更重要　57

　　准备与工作数量相当的显示器　58

　　以秒为单位，提高日常工作效率　62

　　工作的成果在接手前就早已决定　64

　　不要将无意义的时间当作工作时间　65

　　提高通勤时间的生产性　68

　　劳逸结合　69

　　社群的力量　71

　　思考何时开始做，而不是准备做什么　74

　　将"控制型思维"变成一种习惯　75

第二章　控制金钱　77

　　能够增加收入与无法增加收入的机制　84

存款是控制劳动报酬的本钱 87

受媒体诱导会丧失控制权 87

超控制型思维的资产积累法 90

"iDeCo"和"NISA",哪一种更有利 91

无法增加资产的人 92

虚拟资产应控制在总资产的5%以内 93

避免使用现金 94

通信费用分成三笔比较划算 95

按用途区分使用信用卡 96

注意生活中隐藏的冗费 97

视野之外东西,会从记忆里消失 99

每月只要980日元,就可以获得考试辅导 101

获取最新的科技商品有助于削减浮动费用 102

"地位性商品"是一种极度的浪费 104

运用控制型思维摆脱金钱焦虑 105

第三章 控制健康 107

远离易成瘾物质 113

肥胖人口爆炸式增长的直接原因 114

想要预防肥胖,运动之外的活动量才是关键 115

使用APP管理睡眠 118

"预防型医疗"让你的人生更轻松 119

如何判断海量的健康信息　122

自己做饭是最好的健康控制法　124

选择食物要遵循"快乐而不勉强"原则　125

健康与压力　126

健康，是人生最极致的快乐　128

第四章　控制人际关系　131

辨识"利他性"的能力　136

舒适还是不快　137

通过对方对约定的态度做判断　140

控制"怒意"　143

控制"妒意"　145

"分享快乐"也是一种友好表现　147

人数越多，人际关系就会变得越好　149

亲切是一种连锁反应　150

运用社交网站构筑人际关系网　151

通过写文章，筑起新的人际关系网　152

第五章　控制家务　155

当天的家务当天完成　158

关于扫除的"控制"　160

质疑"花费精力"的必要性　161

我对"网购"的态度　165

使用无火烹饪，食物会更好吃　171

能让菜品百分百可口的用盐法则　174

用最简单的方式品尝健康美味的食物　178

鼓励自己主动尝试　179

第六章　控制娱乐　181

打高尔夫可以构筑优质人际网　184

想要拿高分，女性需掌握哪些技巧　186

如何将家打造成优质的娱乐场所　187

头戴式 VR 眼镜　190

边走边阅读的方法　190

大人的游乐场　192

海水浴就是要冲向"浪里"　193

告别酒精，度过充实生活　194

后　记　197

序　章

我们为何需要"超控制型思维"

为"主动生活"而存在的"超控制型思维"

为了能够积极主动地生活，我们必须明确区分能做到的事和无法做到的事，并积极推动能做到的事。其实，关于这种控制型思维的必要性，我无须花费大量篇幅详细介绍。因为市面上有很多与此相关的自我启发类书籍，以及心理学解说的书籍，在这些书中会使用一定的表达手法来阐述这个问题。

例如，在自我启发类读物中的经典名著《高效能人士的七个习惯》（史蒂芬·柯维著）之中，提及的第一个习惯就是"积极主动"。

可以说，它是该书中提及的所有习惯的基础。

发挥主动性是指在所关注的半径之中，扩大自己能够主动影响的那一部分，也就是扩大影响的半径。同时，发挥主动性也促使我们选择主动生活，而非被动接受。

只有我们的影响范围不断扩大——也就是说，我们自身能够控制的事物逐渐增加，才能实现主动生活。

发挥主动性同时也可以理解为自我效能感，意思是说，如果想要保证我们的主动性，就需要我们坚信自己能够为周围带来影响。

发展心理学的权威学者——哈佛大学的罗伯特·凯根教授等人所进行的"成人发展阶段"的研究表明成人会有以下发展轨迹：

环境顺应型知性→自我主导型知性→自我变化型知性

这样的发展轨迹，意味着我们需要经历了解自身能够对周围产生怎样积极的影响的阶段，才能提升理解能力。

也就是说，如果自幼年时起有意培养自己控制周围环境的能力，不仅能令头脑更聪慧，而且还能牢牢掌握人生前行的方向盘。

难以掌控方向盘 = 被动工作

接下来，我会为大家介绍当丧失对周围产生影响的实感，也就是，当我们丧失了"控制"的能力会产生怎样的危害。

比如，为什么即便薪水很高，但有些工作也会让人感到枯燥乏味呢？这是因为这类工作会让人感到是在"被动工作"，并且从事此类工作的人能够控制的范围，以及能够施加影响的范围都是极度狭小的。

尤其是在一个庞大的组织里，被动工作的感受就更加强烈。比如，越是大型企业，员工的工作内容就会被区分得详细。只要还没有爬到最高层，那么基层员工就只能做一些不具备自主权的工作，这样一来，就更易产生被动工作的感受。

我的建议是，在风险相同的情况下，选择职业的时候尽量不要从事支持型、辅助型的工作。因为此类工作一般都是上司主导，所以你就必须顺应上司的做法。

当你选择自立门户时，也一定要制订目标和战略计划，为自己建立一个能够充分发挥主动性的环境，然后再付诸行动。

为什么我们需要制订人生的中长期目标和战略计划呢？这是因为我们可以朝着目标，有效地控制自身资源的分配。

关于这一点，我将在本书的第一章中详细说明。在此我想告诉大家，**从"控制型思维"的角度来说，想要提升工作效率，最重要的一点就是不要强迫自己忍受讨厌的，以及不擅长的工作。**

有句成语叫作"水滴石穿"，这其实是一种虽然不擅长某种工作，但是只要忍耐、经受磨砺，慢慢就会变得得心应手的思维。但我不得不遗憾地告诉大家，倘若你真的很不擅长某个工作的话，那么想要变得得心应手其实是非常难的。

更进一步讲，想把自己不擅长的工作变得勉强能够应付，这并不太难，但是想要让原本不擅长的事变得很擅长，这基本不可能。

在工作中，平均水平和高于平均水平之间有着天壤之别。如果只能做到平均水平的话，你在商务领域并不能得到重用，也无法创造过多的价值。

当你达到了高于平均水平的程度，才能够在社会中将能力转化为金钱。

我们普通人的职业生涯最多只有50年左右，如果把3年的时间都花在不擅长的事情上，那么发挥你长处的时间就会遭到挤压。

不过有些时候，我们可能也要努力完成不擅长的事情，这种事主要发生在不擅长的工作会阻碍你完成擅长的工作这种情况时。

当工作遇到瓶颈时，为了继续去做自己擅长的事，就暂时先把不擅长的事情应付过去吧……这种情况下的不擅长的工作还是可以做的。

我从小就特别不擅长在一件事情上全力投入，挑战自己的耐力极限。相较之下，我虽然在读书、写文章、面对他人做演讲这些事上几乎没受过什么训练，但却从一开始就比较得心应手。

因为这样的缘故，所以我从一开始就选择了和文字打交道的工作，并且决定回避需要耐心的工作。这种主动为自己规划工作方向的做法，其实就是超控制型思维。

如果遇到需要耐心的工作时，我会尽量借助一些工具，或者交给他人去做。如果遇到不得不亲自完成的情况，就借助科技的力量，将工作规划到像我这样没耐心的人也能忍耐的程度。

我们自身能力的优点和缺点，基本上一生都不会有太大的变化。只要锻炼擅长的部分，就能得到极大进步。拼命努力去锻炼欠缺的部分，至多也只是做到平均水平，甚至比平均水平还要低一点。

身在企业内，依然可以实行"控制"手段

按照前面的思路，我们其实很容易就能明白：控制自己接受怎样的工作、拒绝怎样的工作，基本能够决定我们在工作中的表现。

话虽如此，但很多人都主动放弃了控制权，不控制自己选择或是拒绝工作。原因之一在于他们认为自己在巨大的组织之中并没有控制权。

可是他们真的没有控制权吗？对于这一点我是存疑的。无论企业规模大到何种程度，我们都有可能在一定程度上和领导沟通，请求调整工作内容。如果不想让上司觉得你过于轻率，那就提升你的工作表现，用成果证明自己吧。

如果很难立即支配所有工作，那么就从目前被分配到的工作开始，无论是多少微小的细节都不要紧，哪怕只有一两处也无所谓，至少先迈出第一步，去试着控制你的工作吧。

一般在企业供职的大多数人，都认为无法左右自己的工作内容，于是早早放弃了。但事实上，在似乎很难有控制权的环境里，你也依然可以实行控制手段。

比如，最简单的一种控制方式就是拒绝一项工作。当无法拒绝时，至少要通过改变工作内容、变更提交日期、不独自承担所有内容并请求和他人合作完成等，在自己能够控制的范围内推进工作。

20岁左右的年轻人往往身处企业架构的最底层，所以很难完全控制自己的工作。

但是，一个人在年轻时是否对"控制"这件事有概念，这一点十分重要。当年龄向着30岁、40岁、50岁迈进，一个人能够行使决定权的范围也会像滚雪球般不断增大。

届时倘若仍觉得自己没有什么控制的权利，那就应该考虑跳槽到能够行使控制权的公司，或者也可根据自身情况，选择创业。

对于自立门户者来说，挑选工作是理所应当的。毕竟经营资源是有限的，如何分配时间和精力从经营角度来说至关重要。

比起完美地完成了一项被分配的工作，主动选择接手怎样的工作会对你的收益带来更加巨大的影响。

我们总会有种错觉，只要努力就能够完成那些无比艰难的事。但是，倘若一件事不在我们能够控制的范围内，那么我们无论怎样努力也还是做不到。比如，请回忆一下上学时的期末考试，如果考试科目全都是你拿手的，那你的总成绩肯定要比平均分高很多吧。

我们可以用相同的方式思考工作。不过，期末考试的题目需要按照教学计划来设定，所以考试科目都是固定的，很难根据学生的要求而改变。但是，工作还是有可能不断调整的。

就控制工作这件事来说，其实比起拼尽全力将一项被分配的工作做到极致，不如专注于自己擅长的工作内容及工作领域。或是合理控制和自己共事的人，这样更容易获得好结果。

并且，这种做法不仅适用于个体经营，也适用于公司组织。可惜的是，当处于组织内部，这一特征不会特别明显。是否注意到这一点，能够决定一个人能否在庞大的组织内部有效发挥自身能力。

为了让一份工作从一开始就进入正轨，请大家务必尝试控制工作本身。倘若你所处的环境并不能做到彻底地"控制"，那么从细节开始也好，希望你能够不断思考，逐渐扩大对工作的自主权。

如何快速提高工作表现呢？方法不是努力，而是控制。也就是说，有效整合工作领域、工作环境，并且规划工作内容。

个人压力也可通过"超控制性思维"清除

除了工作之外，在我们的个人生活中，使用"控制"策略同样十分重要。

比如结婚。

如果你主动选择了仅靠对方（丈夫或妻子）的收入维持生活，那么决定资产的使用及购买的权利就会归属于收入主力方，而你自然在这方面会丧失主动性。

如果你的配偶是喜欢使用强硬手段控制他人，迫使他人遵循自己意志的类型，那么，这个人的"控制"和本书所说的"控制"含义正相反，是具有负面意义的控制。那么这种人就属于喜欢将别人耍得团团转的控制型人格。如果你被这类人控制，自身又彻底丧失了控制权，那么你的压力会非常大。

完全依靠配偶的收入生活，就意味着你极有可能会丧失对自己人生的控制权。

注意在无意识状态下感受到的不快

正如我上文提到的结婚，我们所处的环境，时常会令我们无意识地放弃控制权，或是在既定观念下促使我们放弃控制行为。与此同时，我们往往又很难注意到这种放弃所带来的损失、不便，以及限制。

其中最为显著的就是人际关系。

想要构建怎样的人际关系，控制权始终在我们手中。所以完全没必要和讨厌的人相处。

但不知为何，很多人都会提醒自己，要忍耐，要坚持和讨厌的人相处。这种做法很有可能让我们身患疾病，如抑郁症、胃溃疡等。针对这一点，我会在第四章中做更详细的解释。事实上，我也曾深陷其中。

比如，当厌恶一个人时，我们应该采取怎样的行动呢？

大部分人会一边在心里想着真讨厌，一边否定自己的情绪，或者告诉自己讨厌也是没办法的，然后一如既往地和讨厌的人交往下去。是这样吧？

尤其当这个讨厌的人是公司的同事，或自己的亲属，那便只能忍耐。在这种情况下，大部分人会找各种各样的借口，比如要有责任心，或是其实对方也是有优点的等，以此来强迫自己维持这段人际关系。

如果你坚持这种观点，那么我希望你从现在开始：

- 当遇到一个能够让你从心底里感到信任的人时，请通过切实的语言和行动，持续对他表示感谢。
- 当遇到一个让你从心底里感到厌恶的人时，请切实地传达你的想法，如果发现对方无法接受你的想法，那就默默地和对方拉开一定距离。

在绝大多数情况下，我们很少会直接对身边的人表示感谢。但是，我们往往会心怀不快，委屈自己和讨厌的人打交道。

之所以会变成这样，或许是因为从小父母、老师就教育我们，不可以凭自己的喜好与人交往，或者指责对方之前要先反省自己是不是有错等。

然而，当我们面对讨厌的人时，态度和蔼可亲，与平时无异，那对方也就无法注意到自己其实已经惹人不悦了。对方不会有要做出改变的自觉，我们的忍耐也无法得到缓解，只能继续交往下去了。

顺带一提，我曾因这种情况，拒绝了 2018 年末某个深夜访谈电视节目的工作邀约。之前录制节目时，我的发言屡屡被打断，完全丧失了控制权，还要被迫听一些十分无聊的讨论，这令我完全无法忍受。于是我便将不想参与这个节目的理由告诉了制作方。我曾数次参与过这个节目的录制，每次都会令我感到腹痛难忍，所以无论这个节目的收视率有多高，我也决定不再难为自己，果断拒绝了。

最需要控制的是我们与对方的关系和距离感，而不是我们自己的内心。

首先，我们要让对方意识到我们的不快，并且将真实的想法传达给对方。如果很难做到这一点，那么控制人际关系最简单的办法就是在物理层面上和对方保持一定距离。

即便能在职场的人际关系和朋友圈中慎重地和他人保持距离感，但回到家中就很难做到了。和血亲保持一定距离，这也太冷漠了，大概很多人都有这样的想法吧。但是，如果在交往上有障碍，就算对方是家人，也没必要强行忍耐。每天都会见面还要逼迫自己忍耐，这样反而容易导致彼此的情绪进一步恶化，引发严重的矛盾冲突。

越亲近，就越要考虑保持何种程度的距离才能对对方足够礼貌。甚至可以说，只有保证了距离感，才能保证对对方足够礼貌，这种情况是非常正常的。只有这样，你的人际关系才会更好。

对于我们的职场和生活，乃至我们的家庭，都应该从人际关系要由自己来规划这一点来思考。

倘若欠缺这种规划人际关系的能力，我们与真正需要认真重视的人交往的时间就会减少。并且，也很容易在让自己不快的人身上花费过多的时间和精力。

原本这种资源分配应该是反过来的，正是因为你没有规划人际关系的能力，才会事与愿违。

比如，脸书（Facebook）这种网络社交平台的算法的过人之处就在于：那些我们经常关注的人会优先出现在我们的时间线中，同时，脸书也会有意识地为我们屏蔽掉那些令我们感到不快、想要远离的人。

脸书采用的算法是：我们经常评论点赞的人，优先级就会升高，经常出现在时间线中。而我们日常不太关注的人就会渐渐地在我们的主页上消失。

这其实就是从视觉和心理上与他人拉开距离，为你规划出一种无压力的人际关系。

用食物来解释这种人际关系的控制方法或许会更容易理解。我们不会特意去吃那些致敏或对健康有害的食物。我们在日常生活中会尽量避免去烹饪这类食物的饭店，不买含有这类食物的商品，总之会极力控制自己不去接触它们。这是理所当然的。

我们甚至还会告诉自己的亲人，因为过敏，所以某些食物我们不能吃。

其实，人际关系也是同样的。强迫自己和不喜欢的人交往，会引发不适，这和食物引发的过敏反应其实是一样的。我们个人虽然无法决定何种食物会引发过敏现象，但是如果没有提前排除过敏源，就必然会引发灾难。

顺带一提，关于人际关系，以下三点就是我的"过敏"信号：
· 撒谎。
· 不守约。
· 只想着消耗他人。

一旦捕捉到这些信号，我脑子里就会亮起红灯。此外，一旦遇到那种喜欢斥责、玩弄他人，总想着控制他人的人，我也会有危机感。

虽然有很多人都认为无法控制人际关系，但是只要多加留意，你的可控范围就一定能够扩大。

希望大家能够减少用于令人不快的人际关系中的精力和时间，和更重要的人共度时光，向他们表达感激之情，和他们分享生活的经验与体会。总之，要将个人资源更多地倾注在对你很重要的人和事上。

请一定要坚持规划主动的人际关系。

"失去控制权"的陷阱就潜伏在日常生活中

大多数人在日常生活中会无意识地进入不可控的状态。在下文中,我将详细地举例分析这些事例。

首先,就是赌博。

我对赌博毫无兴趣,因为赌博的赔率都是由庄家控制的,我们自身能控制的部分非常少。

同样,我也不喜欢饮酒。喝醉的状态其实不是我们在控制酒精,而是酒精在控制我们,所以我会尽量避免饮酒。

嗜赌、嗜酒等类型的依赖症,其实都是以某种形式彻底剥夺了我们对于时间、量级和状态的控制权,从而引发的症状。

无论赌瘾还是酒瘾,都很难戒掉。不少人深陷其中,就算家人、朋友竭力劝阻也无法成功戒除。它们会将人牢牢缠住,使人无法依靠自身意志去挣脱。如此一来,想要掌控自己人生的方向盘就会变得异常困难。

还有一种会令人在无意识的状态下深陷失去控制权的情况,那就是获得信息的方式。

我不太喜欢通过收看电视节目来获取信息,因为这种方式很难按照自己的节奏,在合适的时间点,只获取想了解的信息,也就是说,它的控制难度是很大的。

相比较而言，如果是通过读书或者在网络上搜索信息这种方式获取信息，那么我们能够控制内容和进度的范围就非常大了。

不过有时候电视传播的信息也很重要，遇到这种情况时，可以采用录像的方式。这样一来，即便不得不从电视节目中获得信息，我们也至少可以努力控制看电视的时间，以及想看的节目。

此外，还有很多人在出行方式上无意识地陷入了失去控制权的状态。

比如，我会尽量避免乘坐出租车出行，因为这种出行方式很难掌控。或许有人会认为，在大城市很容易叫到出租车，一出门就能坐上车直达目的地，这种出行方式怎么会不方便呢？

但是，其中隐藏着这样一个问题：我们没有权利挑选有专业素养、驾驶技术好的司机。要是遇到的司机并不专业，那么乘坐出租车所耗费的成本就会比其他交通方式要多，同时性价比还会非常低，实在是太亏了。从这一层面来说，遇到不理想的司机的概率非常高，甚至感觉有点类似赌博，所以我不倾向用出租车出行。

相比较而言，东京都的地铁和公交车线路却很多，价格也便宜。除此之外，选择骑自行车或者开车，这些方法都具有一定程度的自主控制权。

最后，还有一个难言之隐也会导致我们失去控制权，那就是"不够宽裕"。

哈佛大学经济学专家塞德希尔·穆来纳森（Sendhil Mullainathan）研究总结出"宽裕的重要性"，就证实了这一点。

塞德希尔·穆来纳森通过这项研究总结得出了一个令人震惊的结果：**倘若在情绪、时间、金钱等方面都没有适度的宽裕，那么人就很难发挥自己的控制能力。并且，缺乏适度的宽裕甚至还会导致智商下降。**

也就是说，**我们只要拥有宽裕，就能在面对不断出现的错误和新状况时，在某种程度上拥有且能够持续保持一定的控制力。**

一切都处于满满当当、毫无宽裕的状态，会导致我们丧失对很多事物的控制权，这样会带来更大的风险。

因为我们在时间方面不够宽裕，所以才不得不乘坐出租车。而倘若时间充裕，那么我们完全可以选择技术稳定，价格也更低的公共交通。这样一来，我们就能很好地控制出行了。

"控制力"是可以锻炼的

希望大家能够注意，我在上文提到的无意识地进入失去控制权状态的情况，其实在现代社会中还是很常见的。当然，反过来，只要有意识地控制，在很多情况下失去控制权也完全可以转变为可控。

告别随波逐流的生活，主动经营自己的生活。从此以后，你采取的每一个行动都会围绕着控制什么、如何控制而展开。

从早上起床到晚上入睡，有很多我们能够按照自己人生的目标和优先顺序来推进的事情。

大家首先一定要明白这一点。

人类之所以能够推动文明的发展，是因为人类大脑中的额叶部分在发挥作用。如果额叶因外伤或脑出血而受损，那么它就会丧失主动性、柔韧性和社交性。

不过，只要额叶没有出现物理性病变，那么它的功能就会随着不断锻炼而提高。即便人类会衰老，额叶的功能仍然可以不断提高。

控制各类事物就是一种非常好的训练手段，它能够充分锻炼额叶的功能。就如同运动可以增强体力一样，我希望大家每天都有意识地驱使周围的事物按照自己的预想去发展，并且时时为此探寻更好的办法，提高自己的控制力。

拥有超控制型思维，第一关键是"扩大选择范围"

如果想扩大自己的"控制"范围，具体应该怎样做呢？

我先说我的回答吧，那就是：

尽量扩大选择范围，然后选择相对容易控制的选项，并且坚持这种做法。

比如说，如果在找工作或者跳槽的时候，摆在你面前的待选工作有10个，那么请选择最能发挥自身能力，或是最易于掌控的工作。如果能选择的工作只有一两个，那么就只能先从眼前的工作做起了。

我想不会有人喜欢每天挤地铁去上班吧？但是如果你只能选择乘坐地铁通勤，或者因为公司没有弹性办公的制度，所以无法选择合适的时间通勤，那么你就很难逃脱挤地铁的命运了。

组织行为学的专家奇普·希思（Chip Heath）和丹·希思（Dan Heath）合著的全美畅销书——《决断力》中也曾提到，为了促使我们做出一个更优的决定，首先最重要的就是：**扩大选择范围**。

例如，我在创作本书时，使用了以下4种方法来书写同一份谷歌文档中的文章：

- 使用安卓（谷歌开发的操作系统）终端，通过声音录入文字。
- 使用安卓终端，触控式输入文字。
- 使用微软视窗（微软开发的操作系统）的电脑，通过声音录入文字。

· 使用微软视窗的电脑，通过键盘输入文字。

我为不太习惯使用电脑的读者稍微解释一下，安卓是谷歌开发的操作系统（Operation System），微软视窗是微软开发的操作系统，而日文键盘则是效率最高的一种日语输入法。

为什么我要特意选择4种方法写文章呢？因为最合适的录入方法，会根据每个词语的长度和正文的长度，或者是否使用标点符号、特殊的专有名词而发生改变。

4种方法各有利弊，而将这4种方式组合在一起，就能成为一种最快速且正确的录入方法。

只要有意识地扩大选择范围，即便只是文字输入方法，也能延展出无数选择。**这样看，为了提高工作效率所能实行的控制方法也可以说是无尽的。**

有关工作中一些具体的控制法，我会在后文进行更详细的介绍。

在日本，人们都将忍耐当作一种美德，但正如前文提到的，我并不认为这是一种美德。**不忍耐也能让自己过得很舒适。** 并且，为了不让对方感到困扰，还应该增加更多选择，扩大选择范围，这样才更合理。

丧失了自我控制权的人，往往会以自己是在忍耐为理由强迫其他人和自己一起忍耐。

这样会导致不愉快的状况频频出现，于是人们就有可能会无意识地采取"霸凌"的手段来消除这种压力。

扩大选择范围的条件

关于前文提到的选择，我认为遵循自己的意志做选择这一点很重要。从别人那里得到的，或者被逼迫着做出的选择都不叫选择，也并不符合控制型思维。它们其实不过是忍耐的一种罢了。

为什么提升社会地位，增加收入是好事呢？因为这意味着我们自己能够控制的范围和选项会变得更大、更多。

根据各国研究表明，饮食习惯会对人的健康状况产生影响。**但是，即便饮食习惯相同，社会地位较高的人也会比社会地位较低的人要健康。**

原因就在于社会地位较高的人往往压力更小。之所以压力小，是因为他们在面对任何事时，能够自主裁夺的空间都很大。

用自己选择的方法控制自己的人生，这也能够给我们的身心都带来好影响。

网络的出现带来的一个最好的影响，就是扩大了我们在行动方面的选择范围，比如，知识、信息源、就职岗位、合作方及人际关系等。

我们获取信息的来源主要有报纸、杂志、电视、广播这四大媒介。我们只要关注其中的某个信息源，就能获取各种各样的信息。正如我前文中提到的，当我们想要选择更容易控制节奏和内容的信息收集方式时，我们的选择范围就变得更大了。

很多人会认为：想要拥有控制权，就必须先掌握各种知识和技能。但其实，在此之前应该先思考我们手中拥有哪些选项，希望大家能够养成时刻先确认自己能完成哪些事的习惯。

请大家一定要充分利用当今的科学技术，主动扩大选择范围，这样就能持续获得更多的信息。由此也能够更进一步强化控制权。

为强化控制权需要掌握一些信息技术方面的技能，关于这一话题，我会在之后的章节做详细说明。

拥有超控制型思维，第二个关键是"获得知识"

自从网络媒体出现，信息的鸿沟也随之缩小，每个人的自主权也相应提高了。在过去，只要适当地顺应大环境总能有所收获，但如今这种办法已经不太奏效了。从某种意义上来说，这也是社会分化的真相之一吧。

控制的关键，就是从各种信息中提炼出知识。

倘若你能掌握各类事物的构成、模型等相关知识的话，那么你就能够分辨可控制范围和不可控制范围了。

例如购房贷款，很多人会苦恼选择浮动利率还是固定利率。但是，如果你了解银行的赢利方式，就会明白其实在购房贷款方面个人根本没什么主动权，这样一来，也就能够坚定信念了。

此外，时至今日网络上仍然能看到不少不敢使用信用卡的人。

信用卡具有有效期限，使用信用卡时也需要设置密码。当注意到异常刷卡情况时，只要向信用卡公司投诉，对方就能给出相应的处理方案。如果你已经掌握了这些相关知识，并且完全清楚所持信用卡的明细，就能明白其实使用信用卡的风险并没有想象的那样大。

反而是当你到了海外，在购物时直接找店员刷卡，更容易遭遇被非法复制信用卡信息的风险。

同时，还有一些很多人都渴望做到却又基本做不到的事。其中比较有代表性的是：

- 减肥。
- 掌握英语口语。
- 戒酒或控制饮酒量。

但是只要掌握：

- 体重是由哪些因素决定的？
- 语言的本质究竟是什么？需要通过怎样的手段掌握？
- 酒精会对我们的大脑产生怎样的影响？

等相关知识，就能明白自己需要怎样控制才能获得理想的结果。

安排工作其实也是同理。例如，明确客户或上司"是以怎样的目标和动机在行动"，就能快速确定自己在对方那里的可控范围和不可控范围。

同时你需要明白：即便我们能够改变自己的想法和行为，也只能间接地影响对方的想法和行为。意识到这一点，我们也就能明确以下两点：

- 能够在多大程度上改变现状。
- 为此我又能做些什么。

"超控制型思维"的基础就是"收集信息的欲望"

掌握当今社会中诸多组成形态的相关知识，我们的选择范围就能相应地扩大。而正如我在前文提到的，选择范围越大，你能够控制的范围也就越大。

那些信息达人可以通过各种网络渠道和信息网，获取数量惊人的信息。因此，他们运用信息控制的范围，也会以爆炸般的速度增长。

独自分析这世上存在的无数组成形态，想必会相当困难吧。所以通过网络和书籍获取知识才会如此重要。

控制的基础就是收集信息的欲望。

顺带一提，为了能够大量收集信息，我出门在外也要随时使用网络，所以办理了每月 200GB 的 SIM 流量业务。

尽管如此，我的电话费每个月还是不到 5000 日元。但如果在软银、NTT DOCOMO，或者 KDDI 等大型公司办理手机业务的话，一般行情是 20~30GB 的流量需花费 6000~7000 日元。

日本在政策上倡导手机费用低廉化，所以大型通信公司才不得不向低价提供服务的通信公司便宜出借通信网络。这样一来，当然是享受低价政策的通信公司的费用会比较便宜。

并且，使用低价提供服务的通信公司不需要承担大型电信公司的巨额宣传费，只需付设备的使用费即可。于是，费用就会变得更加便宜了。

同样，我平日里在看到那种频繁刊登广告的商品或服务时，会习惯性地思考究竟是谁，以怎样的方式在承担广告的费用。

当然，如果不大力宣传，这些商品就无法出现在消费者的眼前。但是，倘若一个商品的广告出现得过于频繁，那我们就应该思考它究竟是想卖给谁。

答案就是那些会在商家过度的宣传攻势中败下阵来的人，也就是所谓的信息弱者。

沟通有助于收集信息

正如前文所述，无论我们怎样努力，想要凭一己之力掌握这世界的全部组成形态是不可能的。就算拼了命，你所能掌握的也只是整个社会的百分之零点几而已。

因此，先从观察并分析公开信息及评论开始，逐渐掌握社会组成形态的相关信息。这样会极大程度地影响你能够控制的范围。

收集信息的关键就是沟通。当我们想要掌握某些信息，并想进一步实施控制时，必然会和周围产生交流。当我们无法独立解决某个问题时，就会向他人求助。很多时候，正是这种求助迅速推动了问题的解决。

以我自己为例，当我对正在使用的商品或服务感到不满时，或是用起来很顺手的时候，就会在博客和电子邮件杂志上发表自己的评价。必要的时候，我还会直接联系商品或服务的相关责任人。

当我对商品及服务内容有建议，我就可以直接同开发者沟通，这样能够及时解决很多问题。相关人员会告诉我一些不同的使用方法，同时，他们也会在下一次产品升级时做出相应的修正和改善。

就这种信息收集方式来说，其实就算不使用博客或电子邮件杂志发表评价，也可以在商品或服务的相关主页上找到反馈窗口。只要是正规商家，都希望能收集到更多的用户的真实反馈。

当我们无法解决遭遇的问题时，首先该做的是向外界寻求帮助，尤其需要找到那些精通该领域的人，要思考如何做才能和他们建立联系，或者是尽量尝试寻找更多比较了解相关问题的人。现代社会，很多人用邮件或社交平台就能简单沟通，所以上文提到的这些尝试其实都不难做到。

或许很多人会觉得这样做很麻烦，但很多情况下，只要写两三封邮件就能解决了。

为了能够获得掌控权，有必要为自己增加选项。为了增加选项，就有必要关注很多领域，而关注的基础就是具备相应的知识，请大家一定要积极获取更多领域的知识。

获得控制力的最大障碍："习得性无助"

人生中，我们经常想要控制自己的人际关系、工作、金钱、习惯等，但却在面对它们时会产生"习得性无助"。

习得性无助（learned helplessness）是一个心理学词汇。当我们想控制些什么，或表达自己的想法时，经常无法如愿，或是以失败告终。这种失败反复出现后，我们可能会错误地产生这样的认知：

"这件事我做不到。我也控制不了。"

这样一来，我们就不会再次挑战了。

我将这种错误的学习，形容为不断地对自己播放负面声音。

这个负面的声音，其实就是你在暗示自己："我什么都做不到。"

当我们面向外界去表现自己时，往往会选择比较谦逊的态度以此来获得对方的好感，所以会不自觉地一直强调我什么都做不到。

但是，持续这样强调你就会陷入一种自我暗示，觉得自己什么都做不到才是常态。不断地对自己播放负面声音，会获得错误的认知。

当我们想要控制某种事物却无法做到时，很容易会认定自己没有那样的能力和资质。

因为这样想的话就可以直接放弃努力，不必再次挑战同一件事，也不会再面对失败，至少能够保住一点自信。

但你是否想过，这一次没成功很有可能只是偶然呢？

可能只是时机不对，或者没有合适的资源，甚至可能只是你还不清楚用哪种方法比较合适罢了。

没做以上这些分析，就认定自己已经到极限了，就是控制不了，恐怕还为时尚早吧。

当你无法成功控制某些事物时，先不要急着反省，应该先分析自己究竟哪里没有做到位，然后思考如何能将这次的缺憾补上。

比起反省和放弃，坚持思考对策和解决方法才更重要。

近些年，表达坚韧有毅力的"GRIT"这个词引发了热议。这个词在日语中是"根性（毅力）"，它的含义是一种为成就某事始终不放弃的力量。而当你想要控制某件事时，这种毅力，也就是GRIT，是非常必要的。

为什么我要在前文中提到想要提高控制的能力，就必须考虑许多的选项呢？因为遵循这种观念，你可以不断尝试一个又一个可能成功的选项，直到你能够自如地控制为止。

当你想尝试控制一些新鲜事物时，其实很难立刻达到预期。在不断尝试、不断探索的过程中，在某个瞬间就会突然找到思路和解决办法。

此外，如果尝试过各种方法，最终发现自己的确无法控制，那么你才能明白这些事物并不在你的控制能力范围内，便会选择放弃。

不断尝试各种方法，最终接受了自己的失败，于是放弃，这样才会为你的控制能力打下极为坚实的基础。

如果无论如何都无法控制，请抱着"眼下还做不到，所以暂且保留。但将来说不定就能做到了，所以还是要大量获取信息并扩大选择范围"的心态，等待成功的时机到来。

当然不是要你彻底放弃尝试。你需要等待能够帮助你成功控制的新技术或相关信息的出现，或是自身技能的提高。

有句话叫作"尽人事而听天命"。

请你一定要养成经常问自己"我真的尽力了吗?"的习惯。

如果你的身边存在一个很容易放弃控制权的人,那他其实很容易影响到你,让你也开始出现随意放弃的倾向。

只要做好力所能及的事,就可以等候合适的时机。这和遭遇失败就彻底放弃努力,或是只尝试一两回就放弃是完全不同的。

生活习惯方面的控制可以说是十分具有代表性的事项。

比如:很多人尝试了无数次戒烟和戒酒,结果都不太理想,于是只好选择放弃。理由之一就是选项太少了。只尝试了一两种戒烟戒酒的方法,效果并不理想。最终没有成功戒掉不良习惯。

现今其实有很多从酒精或尼古丁中毒的深渊中逃脱的办法,从头开始逐个尝试即可。

一旦进展不顺利,大多数人都容易降低自我肯定感,并丧失自信。但只要以一种肯定的态度告诉自己"我做了一个新挑战",其实就足够了。

但倘若完全不去挑战,**只是单纯地希望或想要挑战,那当然什么都改变不了。**

当面对一个难题时,我们总是容易回避或无视,而不是选择去控制它。虽然逃避的瞬间会使你感到轻松,但从中期甚至长期的角度考虑，这种态度却很容易导致压力大、不满足等后果。

不想做的工作，不想配合的人，被无端浪费掉的时间与金钱——会给我们造成压力的要素真是数不胜数。

- 很难理解。
- 很麻烦。
- 不想做。
- 情绪消沉。

当我们在日常生活中碰壁时，很容易产生以上这些消极情绪。但重要的是，一切不能就此结束。

这种消极的情绪，其实是启动控制型思维的开关。

因为它能促使我们开始思考"为什么出现这种情况"以及"我是否能够通过努力控制这种局面呢"。

接下来，我们会迅速采取行动，收集能够解决这类问题的信息，同时扩大选择范围。随着我们不断试错，我们的控制型思维也能够得到锻炼。

超控制型思维有助知性的发展

如果想要在成年之后仍坚持学习、发展知性，应该怎么做呢？我认为，最简单的方法就是：

"有意识地扩大自己的控制范围,并不断学习控制技巧。"

在当今社会,人们将年龄的增长视为单纯的身体老化,并对其持负面态度。但其实随着年龄增长,我们会不断增加收集信息的量、获取知识,扩大选择范围,不断提升控制能力,这些都是积极的方面。

从超控制型思维的角度来说,年龄增长不是老化,而是"进化"。

20多岁时做不到的事,到了30多岁就能做到了。而在30多岁时做不到的事,到了40岁就能做到了。40岁做不到的事,50岁就能做到了……只要我们按照这样的发展趋势,不断扩大控制的范围,其实上年纪这种事并没什么可怕的。

例如:想要增强自主权,就必须不断增加我们手中的金钱,并不断扩大能够行使的权力范围。

为了获得满意的人生,最重要的一点就是扩展我们的控制范围。

我们会在不断的试错中认识到:

"这世界其实比我们预想的要宽容,我们能够控制的范围其实出乎意料地大。"

请务必注意:我们身处的这个社会中的所有事物,都是我们人类设计、管理、掌控的。与人类的选择相关的事物,其实几乎没有什么是永远不变的。

从下一章开始，我将具体为大家讲解一些具体实行控制的方法与技巧。

第一章

控制工作

以年为单位,扩展你的"自主权"

关于掌握超控制型思维，我首先为大家讲解一个令大多数人苦恼的领域——工作。

我在序章中已经提到，推进一项工作时，重点在于你是否能够自行决定工作的内容和工作量，以及工作节奏，等等。也就是说，你是否在工作方面拥有自主权。

对于我们来说，无论多么喜爱一项工作，倘若不具备控制权，久而久之我们也会变得厌恶它。反之，虽然对一项工作只是普通程度的喜欢，但倘若我们能够按自己的喜好自行安排工作内容，那我们就会变得越来越喜爱这项工作了。

例如：当我们对某个工作热爱得近乎痴迷，同时，我们也能够按照预想推进工作，那么就算需要加班，我们对这项工作的热爱度也不会下降。然而，当我们要整理一份公司内部传阅的资料，还要遵循上司的指示逐一修改字号、颜色等细节，那么我们就无法获得成就感。并且，这件事和我们自身的价值观毫无关系，所以它就成了被迫要做的事。出现这种情况时，无论被迫工作的时间多短，你仍有一种自己的时间被剥夺了的想法，并为此感到不悦。

那么，是不是成为自由职业者，就更容易控制工作的内容了呢？其实也无法一概而论，因为这也取决于我们和合作方之间的力量关系。即便是自由职业，如果从事的是外包类的工作，那么具有自主权的范围并不会扩大。

也就是说，当尝试使用"超控制型思维"让你的工作达到最合适的状态时，其中最重要的一点就变成了要如何保证自身的自主权。

针对这一点，可以采取**每天多花几分钟，逐渐地扩大自己的自主权**这个策略。

这样做，或许在数天内、数周间、数个月之中，很难发生巨大的变化，但请你把它当成以数年或数十年为单位的中长期战略。这样一来，你就会惊奇地发现，这种方法能够让你大幅提升控制工作的状态。

例如：抢先完成上司分配的工作，就是个不错的方法。准确无误地完成这些工作，能够积累上司的信任，逐渐让公司上层意识到可以放心将工作交给这样的员工。

主动规划自己的工作，不仅能够扩大自身的自主权，还能提高我们在公司内的评价，工作也会越做越轻松。

20来岁时就拥有这样的观念，到了30岁、40岁的时候，自主权的范围会有惊人的变化。**能够按照自己的想法去推进有价值的工作，所以每天的成就感自然会大幅提升。**

无论公司是何种情况，无论上司是怎样的人，无论负责怎样的工作，我们都要习惯自己主动规划自己的工作，而不是等待他人来改变你的工作方式。

如果你所处的工作环境和上司并不理想，那么想在一天或一星期之内改变这个状况应该很困难。但是，你可以向合适的人或者部门咨询，认识志同道合的伙伴，以年为单位，逐渐扩大你的控制范围。

要是很难做到这一点，还有个办法就是直接离开这种环境。选择跳槽或是创业，这样也能让我们重拾对工作的控制权。

确保"充裕率"

为了能够对工作实行"超控制"手段，我们战略的第二条，就是确保"充裕率"。

想要控制你的工作，需要具备怎样的基本条件呢？

答案是：确保远超我们设想的充裕率。

其中"充裕"指的是：工作量、花费的时间、工作量成本、体力等，包含这些要素在内的每个人所拥有的资源有所富余。

我们丧失了控制权,也就是处于不是我们控制工作,而是工作控制了我们的状态,大抵都是因为缺失了"充裕率"。

我想所有已经工作的人应该都有过这种经验吧,无论事前做了多么周密的计划,预想了多少种可能出现的问题,实际还是会遇到各种意想不到的状况。

当遇到这种情况,而我们没有足够的余力处理这种意料之外的事件,就会开始丧失对各个方面的控制权。

例如:我们先设想出门旅行要用到的旅行箱。

倘若出发时选择小尺寸行李箱,将其塞满,那么回程时这箱子必然装不下要带回去的特产,你肯定会为此感到头疼。或者,有某样行李忘记拿了,于是想要整理一下箱子里的物品,但你会发现把行李都拿出来,再重新整理,也塞不下了!这样不仅浪费时间,还非常麻烦。

从一开始就应该空出一定的空间,即便发生了预料之外的事,也可以利用这些空间将其处理掉。

我所说的这种富余,英语是用"slack"这个词来表达的。为了能按照我们自己的想法控制工作,平时就应该将个人资源、时间和工作量的两成,最好是三成,空余出来。

时常有人误认为我的工作非常繁忙,但实际情况并不是这样。我在接手工作时,并不会在工作时间内塞满工作,而是有意空出两成至三成的富余。

例如:就一天的工作量来说,我不是按时间长度,而是按工作数量控制的。再具体点讲,就是会设置"每天最多接三项工作""两项工作之间至少要有30分钟,或最好能有1小时以上的休息时间"等规则。

我以自己的某一天的日程为例:

· 杂志采访。

· 录制电视节目。

· 演讲的碰头会。

以上3件事,是我一整天工作量的上限。除非有特殊情况,否则不会再增加新的工作了。

就我个人经验而言,一天的工作量的上限就是3件,在这个范围内,头脑不会过于疲劳,也能顺畅地总结及表达自己的想法。

超过这个工作量,会导致我既没有足够的时间完成工作,也没有多余的体力了。精力储备消耗殆尽,会有引发充裕率缺失,工作质量下降的风险。

杂志采访和演讲碰头会的平均时长为1小时左右,电视节目的录制会花费数小时,如果想再在这期间多完成两三件工作,其实也是能做到的。

也就是说，如果工作追求的是"交差了事"，那么能多完成很多工作。

然而，倘若每天以"交差了事"为标准来安排工作的话，那就不是我在控制工作，而变成工作在控制我。这样一来，工作本身就无法令我感到愉快了，反而会导致我的不悦。

同理，我会将每月出差的次数控制在 1 次，最多 2 次。

作为一个人，乘坐时速 800 公里的飞机或时速 300 公里的新干线，跨越极大的经纬差，必然会导致身体状态不佳。尤其是乘坐飞机，高空气压的大幅变化也会给身体带来负担。而我们并不能主观控制这种变化，唯一能够控制的就是尽量减少乘坐飞机的次数。

倘若你每天要保持 10~11 小时的长时间劳动，那么就是工作在控制你，而并非你在控制工作了。

如果你能够掌控自己的工作，那意味着你能够规划自己的工作。并且，在对工作内容感到不满意时，能花费时间和对方交涉，将其转变成为更符合自己设想的样子。然而，无缝衔接地处理一项又一项工作，始终处在推进工作的状态中，你必然会失去很多自由。

再次强调一遍，为了掌控工作，最首要的就是保证充裕。

写日程表时，要记得预想可控的充裕率再做规划，请一定要养成这个的习惯。

高难度女性职场控制技术

在现代社会，女性在职场上控制工作的难度必然比男性要大。

原因大多为生产和育儿。并且，伴随生产和育儿产生的家务几乎都加诸女性身上，倘若无法积极规划工作量，那么工作和家务可能同时超出你所能承担的体量。

不规划能够完成的工作量，就盲目地开始工作，必然会陷入工作任务和做全职工作的男性相当，以及育儿家务和做全职主妇的女性相当的状态中。这当然会导致我们失去余力，同时也丧失了控制权。

正因如此，对于女性来说，积极地掌控自己的工作是不可或缺的。在迎接结婚、孕产等人生的重大时刻前，应养成习惯，将提高充裕率也加入工作日程中。

如此一来，当子女成长到一定年纪时，就能马上使用高效的手段，充实地度过接下来的人生了。关于这一话题，我将在后文中再做进一步讲解。可以先从每天多空出一分钟开始，思考逐步提高自身充裕率的方法吧。

为生活而工作

现今，夫妻一同工作成为日本社会的主流。对于男性来说，学习兼顾家庭与工作的控制手段也是十分必要的。"家庭主夫"和"主夫上司"这些词汇也逐渐被大家认可和接受。其实这两个词的核心，都是在掌控工作的同时巧妙地维持工作和生活之间的平衡。

其实，人类之所以需要工作，是因为在这个社会中，人们必须互相扶持、互相帮衬。独自一人完成会变得效率低下，所以为了更好地生活，我们会通过各种各样的产品和服务，交换生活中所需要的东西。

也就是说，为了营造更好的生活而工作，这才是工作的本质。

然而，过于投入工作，会导致本应是互相帮助的工作本身成为主体，从而逐渐忽视生活，甚至将生活排除在需要我们掌控的范围之外。这样会导致我们为了工作而牺牲生活。

我们的确要为工作付出时间和精力。尽管如此，我还是认为应该合理控制为工作付出的时间和情绪，确保完成工作后还可以尽情享受生活。而对于我来说，合理的工作量就是一天完成 3 件工作。

从周围的环境开始"控制"

接下来，我想继续为大家介绍一些在商务领域中女性必须掌握的控制方法。

很可惜，女性在当今的社会中仍会遭受各种不平等对待。针对这种不平等，接下来介绍的方法或许会成为有效应对的策略。

例如，在男女势均力敌的情况下，倘若女性的态度较谦虚，就很容易被他人无意识地和男性进行对比，并被评价为无法胜任工作的人。这种情况十分常见。反之，倘若女性成为负责人，掌握了一件工作的主导权，又会给人带来可怕或者明明是个女人却很骄横的印象。

这种情况就是所谓的"双重约束"（double bind）。无论是态度谦虚还是统领大局，在工作层面上都很难获得认同。这种双重矛盾会将女性紧紧束缚住。

不习惯和女性一起工作的人，很容易带有这种双重约束的偏见。这也是日本社会数十年来逐渐形成的认知，可惜的是，我们是很难改变这种认知的。

那么，女性该如何应对这种双重约束呢？

最简单的解决办法是，选择一个对女性员工没有偏见的工

作环境，或是即便部分员工对女性持有偏见，但是整个组织本身不认可这种偏见的地方工作。

在众多种类的工作中，我尤其喜欢执笔类型的工作。这是因为从写书或是写博客的工作中很难产生一些与性别相关的偏见。

单看文字，人们自然不会知道写下这些文章的作者究竟是男性还是女性。就算知道，也不会对文章本身产生影响。

但是，电视媒介是通过影像和声音传递信息的，所以性别和声线的差异，都会令人无意识地投入偏见。即便男性和女性发表同样的言论，大众也会因性别而区别对待。

虽然，女性在诸多工作中或多或少处在不利的位置，但是只要坚定信念，就不会停止前进。不过，当你面前存在很多选项，其中有对女性更加友好的环境的话，那么显然选择这样的环境能够更方便掌控自己的工作。

也就是说，在商务领域，我们应该控制的并不是自己或是他人的感受，而是环境。应该去了解在怎样的环境中才能获得我们自己期望的结果。

我在学生时代曾短期就职于某个日资企业，当时我深刻地感受到这家企业对待女性员工是怎样的不公。于是，我判断在这家企业工作会面临很大的困难。之后，我选择了在另一家外资企业工作，成功规避身为女性必须面临的控制困难等问题。

运用"超控制型思维"选择工作环境，就能够彻底避免因性别而遭遇不公正的待遇。

进一步讲，选择在对女性不利的企业或职业工作，并在这种环境中付出辛劳，其实是过分相信自己的能力。

人类是一种社会性动物，和整个社会相比，个人至多只能发挥1%~2%的影响力，剩下的98%~99%都是周边的状况或周围人产生的影响。

当我们思考自己要在怎样的环境、如何工作才能更好地生活时，仅凭我们自己的能力和意愿做出选择，恐怕会陷入困境。如果无法透彻观察并合理选择工作环境，那么我们终究无法控制工作。

女性很容易遭受荒谬的性别歧视，所以应该积极主动地控制以下这些事：

· 应该从事何种工作？
· 应该在怎样的职场工作？
· 应该和谁一起工作？

我之所以想要控制各类事物，是因为我对自己的能力完全没有信心。时常有人认为我运用"超控制型思维"是出于自信。其实，真相恰恰相反。

我时常这样想："我这个人不具备出众的能力，也没掌握超乎寻常的技术，十分平淡无奇。为了能高效地完成工作，同时提高工作表现，选择尽力控制状况对于我而言是行之有效的方法。"

无论是工作还是生活，完全不控制周围状况，总觉得船到桥头自然直，反而才是对自己充满信心的人吧。

之前，东京医科大学在入学考试上有意压低女考生分数的新闻，引发了日本社会的极大关注。

这种操作当然过于荒唐，不过与此同时，我们女性也应意识到这种事在社会上是真实存在的。必须要认真地调查哪些公司和组织容易出现这样的事。

我在读大学时，曾经从各种职业中选择成为一名注册会计师。这是因为注册会计师这个职业性别差异方面问题比较少。工作后，我又意识到自己其实并不适合做审计，于是辞掉了这份工作。与此类工作相关的公司，大部分都不会在雇佣会计师时过分注重性别，所以这个行业罕有性别歧视的情况发生。

我转行从事与咨询相关的工作后，发现这个行业其实会出现性别歧视。一些与重工业相关的日本公司在前来咨询时，会委婉地表达"希望尽量找一位男性咨询师对接"。我遇到过两次这种情况，但只是我个人就遇到过两次这样的情况的话，恐怕我的遭遇在这个行业也只是冰山一角了。

相比之下，我辞去咨询师后从事的证券动向分析工作，可以说是毫无性别歧视的状况了。因为对于客户来说，一个分析师能够为自己提供多少有效建议更为重要，而这一点和性别毫无关联。

我们生来就是女性，这一点我们无法控制。但正因如此，我们才要尽可能控制所有能够控制的事物。再次强调：控制的基础就是不要盲目自信，要对自己当下的能力有一定的认知，了解自身能够如何应对周围的状况。

以分秒为单位，减少工作量

接下来，控制工作的关键一步是什么呢？

为了取得同样的成果，我们每天可以以几秒钟或几分钟为单位，一点点地改善自己必须做的事情，以此来提升我们的效率。

也就是说，每天花几秒或几十秒钟即可，反复思考怎样做才能减少那些重复性的工作。

当然，你也可以把"直接辞掉这样的工作"纳入选项。

例如：我的工作以写书为主，我每天至少会写3000字，多的时候，会写下5000~10000字。而我工作的核心，就是摸索如何输出头脑中的各种概念并写下来，使其能够供人阅读。

而我在做这项工作时遇到的最大瓶颈是"输入文字"的这项工作。

为了完成这项工作，我尝试了很多改善键盘输入的方法，过程如下：

放弃过分频繁敲击键盘的罗马字输入法，改为JIS假名输入。

JIS假名输入很容易导致按错键，这会使打字效率变低。于是，我改为手指可放在固定位置不动，并保持这种状态进行文字输入的日文输入法（拇指输入，1989年左右）。

一边用拇指输入法做辅助，一边尝试声音输入的方式。

日语输入法（拇指输入）要比罗马字输入法快两倍，所以至今还有很多人使用这种输入法，尤其是小说家，很多都是拇指输入法的忠实用户。

不过，声音输入的速度却要比拇指输入还要快，是罗马字输入法的5倍，拇指输入法的3倍。

实际上，在使用声音输入法之前，我每天能在付费邮件杂志上写1200字左右，现在同样的时间内我能写出3000~3500字。单从工作效率角度来看，声音输入法是拇指输入法的3倍。

关于声音输入，我大概从10年前就开始不断尝试各种各样的输入系统，但遗憾的是，声音转换文字的准确度实在太低，所以并不实用。

直到智能手机和平板电脑问世，情况发生了显著的变化。一个新功能出现了：输入的资料会瞬时上传至云空间，并同文字数据库进行对比，在此过程中将模糊文字进行适当调整。

因此，如今的云空间型声音输入法能够大致正确地将我说的话转成正确的文字。

不过，走到这一步真是一路披荆斩棘。光是电脑声音输入软件我就购买过5种，输入用的麦克风也试用过十几支。并且在开始使用智能手机和平板电脑进行声音输入之后，我也交替购买了好几台手机和平板，还尝试了不同的软件，用以将手机和平板电脑中的内容转入微软系统。

看到我走了这么多弯路，尝试了各种硬件和软件后，或许大家最想知道的是最终的结果。但是，倘若大家是想要习得"超控制型思维"的话，其实这种想法是应该避免的。

因为这样做的话，你会丧失学习自己去摸索尝试，将心中想法转变为现实的控制技术的机会。经历了各种各样的摸索尝试后，自然能够掌握一些通用性的能力，也更容易适应硬件与软件的升级与更新。

我强烈推荐大家亲自进行各种尝试。

顺带一提，我现在是按照以下方式写这本书的：

在安卓和微软视窗系统，同时建立两个一样的谷歌文档。

使用声音输入软件"Simeji"，将内容大致先输入到安卓系统的文档中。

如果在安卓系统的文档中出现了拼写错误和输入错误，就在微软视窗系统的文档中修改。这一次修正要使用键盘，或微软视窗的声音输入法。

至今为止，我在苹果系统下使用声音输入时，只要没有实际读出"句号""顿号"这一类词语，文档中就无法显示"。"和"、"。但是"Simeji"这个软件却能自动识别并标出一段话中的标点符号，这可以说是独一无二的优点了。

顺带一提，经常有人问我："使用Simeji这个软件不会担心泄露信息吗？"但我认为应该实际使用，并搜索Simeji的资料及阅读一些相关报道。一个软件究竟是否可信，需要自己进行综合判断才能得出结论。

还常有人问我："很想使用声音输入法，但是面对机器却说不出话，这该怎么办呢？"这是因为我们在头脑中创作文章时，会无意识地放缓产生文章的速度，去配合打字输入的速度。在反复尝试声音输入的过程中，你一定会发觉自己在脑内创作文章的速度要比你以为的快得多。这样一来，你的创作速度也会随之加快。

我所说的声音输入法，指的是我在创作本书初稿的 2018 年秋这个时期使用的输入法。等到本书出版时，我可能又会使用其他方法进行创作了吧。我就是如此频繁地进行再评估和再修正的工作。

比起键盘输入，声音输入能够帮我节省大量时间。二者在速度感上截然不同。举例来讲，好比去同一个目的地，选择乘车和徒步的区别。

声音输入法只是提升工作效率的诸多做法中的其中之一。当我们在职场中需要做一件十分重要的工作，即便要花费很多的时间和精力，我还是建议大家不断尝试改进。以 10 年为一个单位即可。坚持改进你能做到的事情，等待未来新的突破到来。

闲谈的能力可以突破瓶颈

说起来，我平时并不使用安卓系统，所以是最近才知道 Simeji 这个声音输入软件的。在此之前，我用的一直是谷歌的声音输入法，这个输入法没有自动识别标点符号的功能，所以我都是在完成声音输入之后，再手动添加标点符号。但是，我一直坚持把声音输入的相关内容写进博客里。某天，一位更加了解声音输入法的读者告诉我，Simeji 这种软件具备自动添加标点符号的功能。这正可谓是我获得新突破的瞬间了。

并且，在那之后，我又在博客里写了很多关于 Simeji 的文章，于是这个软件的开发人员通过社交网站直接联系到我。我将一些反馈意见传达给了对方，而这些想法，也都反应在更新的版本中。

平日里，我会在很多场合谈论自己的兴趣，也会提到不擅长的事物给我带来的烦恼。这时候，就会遇到对我所苦恼的事比较擅长的人，他们也会教给我一些相关的解决技巧。

我将其称为"闲谈的能力"。

关于控制能力，大家总会有种误解，认为控制必须依靠自己完成。但实际上，我们能够控制的范围是非常狭窄的。如果结果并不理想，那就勇敢说出来，可以帮助你的人也就会自然地聚集过来。

常有人说："因为是你，别人才会来教的吧？"其实并非如此。人类生来就具有想要接收知识的欲望，同时也有想要教育他人的欲望。

无论是通过社交网站，还是一些提问网站，总之请尽量将你的疑问发送给更多人，会有人告诉你一些意想不到的解决办法的。

人类就是如此，当看到身边有人深陷苦恼，而倘若自己的知识能帮他解决这些烦恼的话，就一定会将解决办法告诉对方。通过这种"传授-受教"的关系，彼此之间还能进一步扩大控制范围。如果这样能够让更多人掌握"超控制思维"就好了。

舒适性比效率更重要

接下来，在控制工作时需要考虑的就是"舒适性"了。

大家应该都考虑过通过布置工作环境来提高工作效率吧？但与此同时，大家是否忽视了舒适性呢？

我认为在办公环境方面，思考"怎样才能让自己在舒适的状态下集中精力工作"，也就是舒适性，要比效率更重要。

工作时，我们从星期一至星期五，每天会长时间待在公司这个空间中，所以我们的办公环境是否舒适真的非常重要。所谓舒适，是指身处随意且不存在令人不快的要素的环境中的状态。因此，环境会切实左右我们工作时的注意力。当你无论如何都无法集中精神工作时，提高工作环境的舒适度或许可以解决这个问题。

首先必须做的就是将眼睛能看到的、耳朵能听到的这部分环境整理得更加舒适。

办公空间当然需要干净整洁，不摆放多余的物品。如果视野内出现太多杂物就会影响我们的思考，思路可能也会变得和周围的物品一样杂乱无章，无从整理。

有些日本的企业无法给员工提供足够的办公区域，所以在这类企业任职时要尽量确保自己的工作区域，让自己的办公桌的前后左右都有一定的空间会比较好。

此外，我也常听人说，在工作环境中播放古典音乐会提高工作效率。甚至还有专门提供办公用音乐的相关服务。

我还在证券公司工作的时候，会使用头戴式耳机听自己喜欢的古典音乐，沉浸在音乐声中会让我感到舒心。现如今，我在自家工作时仍会使用音乐平台，一边播放古典音乐一边工作。

周围非常安静，只能听到电脑键盘敲击的声音，在这种环境中工作会容易感到紧张。此时只需低音量播放一些古典音乐，就能大幅提高工作环境的舒适性。

而且这种做法也不需要太高的成本，所以非常值得尝试。

准备与工作数量相当的显示器

接下来，我们要考虑一下办公桌周围的工作环境的舒适性了。

现代工作大多数都需要依靠电脑才能完成，话虽如此，但我们其实并没有认真地考虑过在这方面的投入成本及回报率。电脑及其周边器械的可操作性和舒适性，与是否能够提高工作效率与生产性有直接关系，所以希望大家能经常仔细评估这方面的情况。

之所以要经常评估，是因为电脑或互联网技术方面的更新速度非常快，所以至少每隔两个月就应该重新评估一下相关设备。发现电脑的运行状况不佳，再购置新机替换……如果按这种标准来评估的话，那就太迟了。

很多人来到我工作的地方，会被显示器的数量吓到。我的办公桌纵向排列着两台21英寸的微软系统显示器，旁边摆放着两台安卓系统的平板电脑，外加1台智能手机、1台Kindle终端显示器，总共有6台显示器。

我会准备数量如此多的终端，是因为**比起在同一个屏幕上不断切换画面，按照需求给每一个画面都配备显示屏，这样能够大幅提高工作效率**。相对地，近年来显示器和平板电脑的价格愈发低廉，所以这种做法的性价比还是很高的。比起购入一台价格较贵的iPad，同样的预算能购买3台安卓系统的平板电脑，将每一件工作都分摊到不同的设备上，也就无须再费力切换程序了。

顺带一提，我会在工作中用灵活运用2台平板电脑来进行以下工作：

- 使用无线鼠标（remote mouse）软件，将声音录入到微软视窗系统的电脑中。
- 播放音乐，或是用来操作家中的AV增幅器以及谷歌的电视棒。

此外，Kindle 终端既能够阅读电子书，还能够使用它的朗读功能来听信息。

智能手机则主要用来拍照和打电话。

在外工作的时候也是一样。直到去年为止，我出门都会随身携带笔记本电脑，而最近只携带 1 台智能手机，1 台安卓系统的平板电脑。我一般会在更新比较复杂的博客内容时，或是操作我在五反田举办的"研讨&共享厨房空间微微笑"预约系统时才使用电脑。写文章或是在社交网站上发送、回复信息时，只需使用平板电脑的声音输入就足够了。

我的智能手机是能够同时插入两张 SIM 卡的"双卡双待手机"，这两张卡是分别和两家不同的公司签约的，一张是电话专用卡，一张是流量专用卡。为什么要特意使用两张卡呢？因为通话费用低廉的电话卡的流量费用相对高昂，或是传输速度会变得很慢。

过去，我出门时会随身携带移动路由器，自从知道了便携式路由器其实使用的是安卓系统后，我就意识到用一台安卓系统的智能手机代替路由器即可，再配备一张电话专用卡即可，这样也能减轻随身物品的重量。说起来，那台路由器的重量也并不轻。

那为什么除了智能手机之外，我还要再随身携带一台平板电脑呢？因为从屏幕上能够获取的信息量来看，手机和平板是有着显著差异的。

我想大家都有过这样的经验吧，使用智能手机浏览网页时，滑动屏幕和点击链接非常耗费时间，而阅读电子书和书写邮件的时候，智能手机的屏幕也有点太小了。

我外出随身携带的是8英寸的平板电脑，这个尺寸正好能够放进女士包中。在出行的目的地收集信息时，随身携带平板电脑能够完全控制处理信息的速度和收集的信息量，这令我感觉非常舒适。

附带一提，在智能手机和平板电脑这方面，比起苹果公司的终端，我更青睐安卓系统的终端，原因就在于二者的自由度的差异。

苹果公司的终端只适用于苹果的操作系统，而操作系统更新时还会被苹果公司的战略所左右。但是安卓系统的终端产品则由多家公司制造并出售，所以使用安卓机的话，就能够挑选我喜欢且合适的终端。

也就是说，比起被苹果公司"控制"，我选择自己"控制"安卓系统的终端。

苹果公司的终端都非常受欢迎，最新型号一问世就会有很多人排队购买。相比之下，安卓系统的终端就没有这样热门了。我想这或许是因为选择安卓系统的机器，就不得不认真思考应该购买哪家公司的产品，以及购买后如何组装搭配这类问题。

不过，正如我在前文提到的那样，如果在配置相同的情况下购买智能手机或平板电脑，那安卓系统的机器可能只有苹果公司产品的一半，甚至三分之一的价钱。平均每台设备的价格降低后，就能够实现根据工作数量准备相应的终端，也能够提高更换设备的频率，这样一来，才能便于"控制"工作。

此外，我使用的安卓终端的大部分都是现在备受关注的中国品牌——华为。使用华为产品的理由，和使用中国百度公司旗下的软件 Simeji 的理由相同，我也是在悉知自身能够承担的风险范围内选择的。并且，结合当下的方便程度，我最终选择坚持使用这些产品。

以秒为单位，提高日常工作效率

一般在企业工作时，我们很难自由选择或更换使用的电脑及其周边电子产品。有些公司会要求使用特定的产品，有些公司甚至还严禁将工作内容的相关资料带离公司。

正因如此，我们才必须要在公司工作。不过，这样做的确很难提高效率。

但是，从某种角度来说，当今的终端设备其实和纸与笔并无区别，也就是说，我们必须使用公司指定的圆珠笔、签字笔、笔记本。这样一来，我们很难实现高速且高效的工作状态。

我也有此类经验。其实，我从证券公司辞职后的工作效率大幅提升的原因之一，就是网络连接速度提升了。

在证券公司上班时，我在自己家登录证券公司的系统要反复输入8次用户名和密码，否则就无法打开我的个人邮箱和办公系统。那么以一周、一个月、一年为单位考虑的话，可谓是损失惨重。

而如今，只需面部和指纹识别就能轻而易举地关联个人信息。说来似乎理所当然，但重点就在于所谓提高工作效率其实就是要看我们能够将工作环境整顿到怎样的程度。

我在前文中也曾提到过，提升控制能力非常重要的一点就在于，尽量减少花费在每一件事上的时间。即便只能缩短几秒钟常规工作的时长，我们仍要每天坚持尝试，并努力实现。并且，也需时常思考：每天都将时间花费在哪些地方，是否能够避免造成时间的浪费？并在思考后逐一解决这些问题。

工作的成果在接手前就早已决定

提高舒适度和效率,选择最合适的终端来工作……如果你已经做到这些事,但仍然无法提高工作成绩,你就要思考自己工作的领域是否合适。我在序章中提到,如果做的是擅长的工作,那么你将不断精进、提高自身的水平,但做的是并不擅长的工作,无论你怎样努力,顶多只能达到普通的水平。

以竞技运动为例会比较容易理解。

一个人无论篮球打得多出色,也不能在足球比赛中战胜足球选手。其实工作也是同样,但不知为何,我们总是期待自己在工作中能够成为全能型选手,并且坚信做不到是坚决不行的。

据说,擅长和不擅长之间,有着5~10倍的效率差异。可是在职场中,这种差异却被彻底忽视了。

也就是说,**如果你希望在工作中获得认可,那么就选择你能轻松胜任的工作吧。**

反之,则要注意避开那些无论怎样努力都只能做到合格,甚至还不够及格线的工作。

如果你没有刻意控制工作内容,而是不加选择地完成所有被分配的工作,并匆忙地读资料、听讲座,一直忙碌到深夜……这样就无法称之为控制工作了,而是工作在控制你。

说得极端一点，**其实你最终的工作成果早在接受这项工作前，就已经决定了。**

我们必须控制的是工作的内容结构。

不要将无意义的时间当作工作时间

我在前文中曾提到过，我会尽量避免出差。

我建议大家仔细观察一下出差，就会发现出差的大部分时间都是在交通工具上度过的，而真正花在工作上的时间其实少得惊人。

这个所谓的移动时间其实十分浪费，并且根本不会获得任何工作成果，但我们却很容易将为了工作而奔波这件事直接视为工作成绩，认为自己非常努力。

开会也是同理。

大部分人基本都没有思考过这样一个问题：出席一场会议对参会者是否有帮助，或者对整体工作的推进是否有用。大家都是稀里糊涂地参会，稀里糊涂地听他人发言，又稀里糊涂地站起来发言，但是开了一场会，却给人带来一种工作了很长时间的错觉。

当处于什么都没做的状态时，我们会意识到自身的懈怠，但上文提到的这些用于通勤或开会的时间，其实不仅效率低下，并且也毫无生产力。然而，我们会把这些事也当成是工作，还会因此感到很充实。

但是，**倘若你肩负减少不必要的工作量，提高工作质量的责任，那么就应该清除一切对工作成果毫无贡献的因素。**

避免通勤时间过长，或者进一步说，通勤时间应该越短越好。如果一天的通勤时间缩短了 5 分钟，那按照每周上 5 天班计算，一周就能节省 25 分钟，一个月会节省 100 分钟，一年下来，竟然能多出 20 个小时。如果你就职的是一家 8 小时工作制的公司，那就等于每年的带薪休假时间增加了 2~3 天。如果可以搬家，应该优先选择通勤时间最短的地点。如果因为各种原因无法搬家，那我建议你研究一下如何才能缩短通勤时间，哪怕只是 5 分钟也好。

我自己家中有特定工作的空间，几乎所有写作相关的工作我都是在家中完成的。所以这样来看，我平均每天的通勤时间可能也就只有 30 分钟左右。而且我还会尽量减少外出，如果无论如何都需要外出的话，我一定会思考哪种交通方式花费的时间最少，而且经常会集中处理需要出门才能完成的事。

有些人丧失了对工作的控制权，他们对于通勤时间、出差和开碰头会所花费的交通时间，缺乏一定的问题意识。

有关碰头会，很多人会认为，互相打个照面再通通气，比较容易在之后的工作中达成共识。但是，综合考虑碰头会中获得的信息量和移动所花费的时间，其实会发现大多数情况下这种做法并非有效利用资源。

例如，最近流行一种类似 Oculus Go 的 VR 头戴装置。其实这类科技产品很适合用来开会。如果感觉 VR 头戴装置有些极端的话，其实使用"Zoom"或"Skype"等附带网络会议功能的软件也足够了。

事实上，我的公司在举行会议时基本都选择共享邮件或谷歌网盘，然后再使用视频通讯软件召开网络会议。比起兴师动众地开碰头会，使用网络进行信息共享的效率要更高，得出的结论以及想法也更加充实丰富。

虽然我已经提到很多具体的方法，还是有很多人无法放弃开碰头会。究其原因，或许是因为他们缺乏表达能力。就算不当面讨论，只要能够运用语言或图表，充分共享信息，也能有效推进工作。

参会人数众多（比如有 30 人）且需要共享信息，这种情况才会有当面讨论的意义。人数太多的话，使用网络开会或共享信息反而会导致效率低下，应该让所有参会者直接共享全部信息。

提高通勤时间的生产性

如果不得已出行的话,那么我会研究各种"作战计划",努力让出行时间过得至少有意义一些。

提高移动时间的生产性的关键有以下三点:
- 将行李控制在最少。
- 尽量乘坐新干线,避免乘坐飞机。
- 增加移动过程中能做的事。

减少行李的最好办法,就是缩短出差时间。我一般尽量确保当日往返,或次日返回。这样就只需带最少量的换洗衣物和盥洗用品,再加上一台平板电脑就足够了。准备行李及出差归来整理行李要比我们想象的更加花费时间,行李过多会影响出行,不仅容易积累压力,还会令人感到加倍疲劳。为了节省精力,应该尽量减少行李的数量和重量。还有一点需要注意,那就是千万别带能够在便利店里买到的东西。

关于交通工具的选择,如果你的目的地是乘坐新干线和飞机所需时长相差约 1~2 小时的地方,那就请选择乘坐新干线吧。例如,东京和大阪之间往返的话,当然是新干线最合适。

这是因为乘坐飞机时,我们无法控制周围的噪音,而且航班时间很容易受天气影响,航班临时取消的风险也比较高。稳妥起见，我们也需要提前到达机场。这样看来，还是选择比较准时的新干线，才更方便控制我们出差的时间。

此外，当权衡是乘坐飞机还是乘坐新干线时，还须考虑能够怎样最大限度利用出行时间。在这方面，也是新干线比较有优势。

飞机的座位比较局促，而且飞行时噪音很大，写文章时完全无法使用声音输入。相比较而言，新干线的座位宽敞，噪音也十分小，乘坐时也可以在不影响周围乘客的前提下使用声音输入写文章。并且，飞机在起飞、降落时，需要关闭所有通信设备的电源，即便是飞行平稳后，机内的无线网络也常常会出现无法使用的情况。就算能用，网络速度也非常慢。因此，工作被迫屡屡中断，令人不知该如何是好……这些也是乘坐飞机的减分项。

归根结底，我认为需要先认真思考出差的必要性，以及出差的花费是否与收益持平。应该在计算过这些要素后，再筛选出那些的确有必要出差的情况。接下来请尝试思考：如何在只携带最低限度行李的前提下，高效利用出差时间，并且有效控制行程。

劳逸结合

像我这种超控制型思维的人，一般在预订出差住宿酒店时不会选择附赠早晚餐服务。由酒店提供早晚餐的话，无法自行选择菜品和菜量，这实在是让我无法忍受。如果实在想品尝酒店的菜品，那我会选择在办理入住时当场追加早餐服务。现今我们只要活用网络，就可以在到达目的地后搜集当地的所有相关信息，所以饮食方面也不会遇到太大障碍。

提到旅行方面的超控制思维，或许你会认为是指要在出发前缜密地做好出行计划。其实并不是这样的，有关旅行的超控制思维，其实更接近一种在行动的同时还能保持灵活、可控的自由度的状态。

此外，还有一种和出差略有区别的出行。比如，我每年会休息1~2次，每次休假时间约为一星期。在这段时间里，我会在全国范围内旅行，同时也会稍微做些工作。

最近，这种生活方式有了专属名词，**就是将"work（工作）"和"vacation（旅行）"结合在一起，新造出了"workation"这样一个词。**

在这段时间里，我一般会在清晨或晚上稍微花些时间写发表在邮件杂志的稿件，或是使用视频通话软件召开线上会议。接下来的整个白天，我会四处游览观光，体验当地特色。

2018年的夏天，我和搭档增原裕子一起从出云大社出发，沿日本海一侧经石见银山、秋芳洞，又折返回广岛，去了剑玉的发源地廿日市和锦带桥，最终到达原爆圆顶馆，愉快度过了六天五夜的 workation。

这段旅程中需要事先预定的，是往返的航班和租车，以及酒店，接下来就只需提前一两天观察一下工作和旅程的情况，然后再确定好行程即可。

正如我在前文中提到的，我在订酒店时基本不会选择附赠早晚餐，而是倾向于自行解决三餐。我热衷于品尝当地特色的美食，而且也很喜欢去当地温泉。

或许完全不工作、休息整整一星期，很多人都会感觉很难做到吧。但是选择每天用两个小时去处理一些日常工作，剩下的时间尽情享受假期这种 workation 的形态，就能够得到一个非常惬意的假期了。

只要携带一台能够联网的便携式路由器，或是能设置网络共享的智能手机，再加上一台上网本或是一台平板电脑，就完全能够工作了。

现在，很多工作都能够远程进行，所以仅凭脑中的一个创意，就能够完成很多事。

社群的力量

工作上的一些灵感当然可以从书本或讲座中获得，不过最近还有一种强大的信息源正逐渐流行,那就是联系更为松散的社群。

例如,现在很多人都会使用社交网站,其中脸书的互相关注功能会让人们共享更多的新闻及信息。自然也很容易获取新的创意和信息。

迄今为止,在报纸、杂志等大众媒体上,专家们会通过不同的渠道传播各类信息。但是,现在任何人都能够分享和传播信息了。

并且,通过网络世界建立联系的人们,大多会自动搜寻和自己有相同兴趣的人,所以就更加容易通过共享信息获取自己关注的新闻。通过自己所在的社群,通过朋友的朋友,或是朋友的朋友的朋友,我们就能够获得海量的信息。

例如,我获得信息的主要来源之一,是我自己的邮件杂志或博客下面的评论留言。

我一直坚持每天写 2~3 篇博客,博客每日约有 1 万~2 万的浏览量,并且有很多人会在我的新动态下留言,如此一来,很容易就能获得相关的信息。

正如我之前所说的,使用 Simeji 做声音录入,并促使其开发新功能,都是源自博客的社群所提供的信息。

此外，我的免费邮件杂志每日也会面向约 6 万名读者发送信息，对此感兴趣的人会通过社交网站的私信功能回复我，或直接给我发送邮件。

前几日我曾在邮件杂志上写道："家附近一家大型超市的停车场以前一直是门禁式的，现在变成面部识别会员制形式了"。开发这个识别系统的公司老板看到后联系我，我也因此学习了这个系统的详细构造和相关技术。

在我所运营的社群沙龙"胜间塾"中，至今，已经有超过 1600 名会员在共享各种商务信息，"胜间塾"也成为一个十分有效的工作信息来源。大家每天都会共享信息，分享那些自身专业之外的行业和领域正在发生的新鲜事。

从前，我们其实很难设计并控制信息的源头。最近，我们才开始具备选择有兴趣的社群的能力，并且能够主动选择和自己有关联性的社群进行怎样的对话，获得怎样的信息。

如果你想获取某个领域的信息，但却很难实现，那么我建议你不要只在报纸、杂志、电视或网站上搜索，还应该寻找掌握这类信息的人所在的社群，并想办法和这类人取得联系。目前，这是效率最高且最容易获取专业信息的方法，并且，这也能够活用自身掌握的知识。

思考何时开始做，而不是准备做什么

我在前面已经介绍了控制工作内容的重要性，此外，如果想要提升工作效率，还必须思考何时开始做。

2018年秋天，我翻译了丹尼尔·平克的《时机管理》这本书。这本书的精华在于：事实上，**在进行各项工作，以及经历一些人生阶段的时候，比起准备做什么，何时开始做所产生的影响更为巨大。**

例如，即便是在同一名医生经营的同一家医院，在上午和下午进行手术及检查中，出现失误的概率也不同。

医生和护士也是人，到了下午，他们意志也已经有了一定程度的消耗。因此，他们有可能会在下午犯一些上午绝不会出现的错误。

我们在工作中也会遇到相同的情况。为了能低失误、高效率地工作，应该尽量在上午完成需要高度集中的工作。而那些即便意志力稍有减弱，但也还能应付的一些日常工作就放在下午完成……如此这般，才能做到张弛有度，有效控制工作的节奏。

不过，注意力和干劲的峰值会出现在一天之中的哪个时段是因人而异的。

顺带一提，我一般在晚上 1~2 点就寝，早上 9 点左右起床。属于偏夜晚型的睡眠循环模式。

因此，在上午我的头脑其实并不够清醒，整个人比较恍惚。到了下午，我才逐渐提起干劲，傍晚至晚饭这段时间才能够到达我注意力和干劲的峰值。

我建议大家仔细观察一下自己的峰值在哪个时间段。了解自己注意力的顶峰及最佳的睡眠循环后，并在此基础上控制自己的工作节奏，这样才能够更加有效地推进工作。

将"控制型思维"变成一种习惯

如何处理自己的工作内容，和谁一起，在哪个时间节点，在何处，何种环境下工作，这些因素，都会很大程度左右我们工作的质量。

在面对各种各样的工作方式时，其实很多商务人士原本都有控制它们的能力。但是，他们却放弃了这项权利，并且试图在狭窄的领域内进行优化。

当然，我们无法控制一天中的全部事情，但是倘若以数年或数十年为单位来考虑，那么我们能够控制的范围必然是在逐渐扩大的。

我再强调一遍，建立一个中长期的工作计划，设计该如何推进工作，并养成"控制"的习惯。我们的自主权的范围必将随着年龄的增长而不断扩大，工作也会越来越顺利。

在工作和工作方法方面，请大家一定要加强运用超控制型思维。

这样不仅能按照自己规划的速度推进工作，还能将工作做得更好。

第二章

控制金钱

将生活支出控制在收入的八成以内

在第二章中，我将告诉大家一些关于控制金钱的方法，这其实也属于我的专业领域。

我想，大家应该都希望自己能够过着财务自由的生活吧。

那么，财务自由的状态究竟是怎样的呢？它当然不是指拥有数不清的钱且可以随意挥霍的不切实际的状态。

比较现实的目标是：**日常生活中不存在金钱方面的压力，同时，也期待未来的收入和资产能够更上一层楼**。对吧？

此外，还需要有足够的储备资金来应对一些突发状况，如就医或是一些紧急支出。或者，能够支付全家每半年一次的家庭旅行，每几个月购买一次日用品和消耗品，如智能手机、厨房家电等价格较高的商品，等等。

那么，如果想通过金钱控制法实现以上这些事，应该怎样做呢？其实和控制工作一样，那就是：

养成将支出控制在收入的 70%~80% 的习惯。

也就是说，一定要留出收入的 20%~30% 作为储备资金。接下来，我将为大家解释该如何使用"平均成本法[①]"进行投资。

具体来说，如果一个家庭的收入为每月 50 万日元，每个月的生活开销应该控制在 40 万日元以内，而每月收入为 30 万日元，那么生活开销就应该控制在 24 万日元以内。

乍一看这种生活方式似乎十分节俭，但其实习惯了就好。相反，提前扣除 20% 之后，我们可以自由地将剩余的金钱用在所有我们喜欢的事物上。

我们要将能够自由支配的 80% 资金当作是日常的固定开销，这一点很重要。虽然只能支配 80% 的钱，日常生活不会有太大的不便，但是子女上学的钱、购买更换耐用消费品（例如，空调）等费用并没有包含在这 80% 之中。

为什么要这样做呢？其实理由很简单：只要选择这样的生活，我们就不会丧失对金钱的控制力。

这其实也正是我之前在控制工作的相关内容中提到的"充裕"的概念。

由于从收入中节省的 20%~30% 的积蓄并不会全部用完，所

[①] 平均成本法：Dollar Cost Averaging，简称 DCA，又名"懒人理财术"或"定期定额投资法"。指在特定间隔期间买入固定金额的某资产的投资策略。平均成本法的目的是规避因资产的波动性对投资人最终收益造成负面影响。

以这笔钱产生的复利会逐渐增加，以 10 年为单位则会成倍地增长。如此一来，我们不仅可以摆脱担忧个人经济状况的这种情绪，也能拥有控制金钱的意识了。

我们之所以会对金钱感到不安，是因为不具备控制它的自信。

我们可能会把手上的钱全花光，又或者只能拿出其中的 5%~10% 用来投资，也无法承担本金变动的风险。这样一来，我们就无法考虑那些从中长期角度来看收益较为理想，但短期可能会出现损失的股票或不动产投资信托等金融产品。

当然，也有人会说，因为收入较低，所以无法将支出的占比控制在八成之内。但是，如果你能够做到下面这几点，就能够在日常生活中避免不必要的支出了。

· 选择一个租金在收入的 20%~25% 以内的住所。
· 避免接触酒、烟、赌博等容易上瘾，且必然会令自己丧失对金钱的控制权的不良嗜好。
· 虽然外食很美味，但想要满足营养需求的话，应该选择那些营养均衡的食材并自己烹饪。
· 要摸索能以同样价格买到品质更优秀的产品的方法，不要冲动购物。

·仔细查看信用卡上的全部支出明细。

被誉为"经营之神"的松下电器产业创始人——松下幸之助，在他的"水库式经营法"之中推荐过将支出控制在整体收入的 80% 以内的做法。他一直提倡的经营策略，就是将日常的支出控制在整体收入的 80% 以内，剩下的就以"水库"的形式蓄积起来。一旦遇到难关或经济不太景气等状况，就可以使用这些蓄积资金。

针对他的这一观点，有人提出了反对意见："那是因为有富余所以才能储蓄，普通的公司职员肯定不行的。"

面对这样的异议，松下回答："没有人从一开始就拥有一座水库，不想造水库的人自然无法造出水库。"

我非常赞同他的说法。

我刚刚大学毕业时非常拮据，但还是坚持每个月存 1 万日元。我将工资账户设置成到账就转 1 万日元到我另一个账户上，这样从一开始就不用考虑这笔钱了，也能轻松地规划日常的生活花销了。

顺带一提，我有个口头禅是"性价比"。我如此在意性价比是因为我觉得在没必要的东西上花费金钱，实在是对不起分割人生的一部分去工作所获得的酬劳，也对不起给我发工资的人。

我认为，一个人对金钱的态度，与他的生活方式、人生哲学息息相关。**浪费金钱就等于浪费自己的人生。在赚钱和花钱这方面，即便小到1日元我们都应该认真管理。**

但是，这并不是说我们应该只购买最便宜的东西。

这种思维方式，其实遵循的是：要向购买对象表达敬意，只花该花的钱，不要把钱花在无用的东西上。

当今市面上存在各种商品和服务，如果其品质是优良的，即便价格高昂，我也十分乐意为之付费。但是，我不会为对方的怠慢，或是产品的一些累赘功能买单。

例如，我非常欣赏一家餐厅——萨利亚，因为这家连锁店的信条是：不在报纸、杂志、电视、广播这四大媒体上刊登广告。

广告的一大特性就在于很难确定会在何时、被何人看见。也就是说，投放出去的广告可能大部分都是浪费。所以很多时候商家是抱着反正全都试试看的态度在投放广告，而我并不喜欢这种宣传方式。

我不会盲目地大量购物，也不会在促销期间消费。我认为，在必要的时间、以必要的价格购买自己需要的东西，这就足够了。

促销会左右我们的花钱方式，换句话说，我们会被卖方的意志所控制。对于我这样一个热衷控制的人来说，买东西当然也要随自己的心意，在合适的时间购买。如果当时刚好遇到促销，那当然可以当场购买，但没有促销的时候，我们也应该在真正需要这件商品的时间购买。

能够增加收入与无法增加收入的机制

我想，很多人都十分希望能增加收入吧。其实，增加收入的机制，并不是由我们的能力所决定的，而是由实际的供需关系所决定的。

例如，如果我们能够提供的产品，被很多人所需要，那么我们的收入就会增加。但就算我们能给出非常优秀的产品，可是这些产品只能提供给极少数人的话，价格也无法提高，我们的收入也就无从增长。

一本书的价格一般在1000日元左右，较贵的书也至多在2500日元左右。为什么图书的价格并不高呢？因为它是以有数万个购买图书的读者为前提进行定价的。

相对地，计程车服务却比较昂贵，这又是为什么呢？因为一名计程车司机一次能够服务的人数较少，只有1~4人。

单次能够提供服务的对象越多，价格也就相对越低。

因此，无论是我们的收入还是支出，只要明白我们所使用资金的成本构成是怎样的，在这个结构下能接受怎样的附加价值，就不会付出多余的劳动，金钱方面的浪费也会变少。

同理，想增加收入时也不要过度增加工作量，而应该从供需关系的角度去考虑，尽量朝向我们所提供的产品和服务能被更多人喜爱和需要的方向去努力。这样的思考方式才能提高我们的收入。

尤其是最近，各种IT系企业的效益都在提高。原因很简单，付出的劳动力相同，但提供服务的范围扩大了，所以效益才会提高。关于我们平时在生活中理所当然地接受、花费的金钱，我们要时常关注：

· 怎样的工作机制才能让我们赚到钱？
· 应该在怎样的事物上花钱？

以上两点能够帮助我们更简单地控制金钱。

我们应该审视每天的工作方式，思考在我们供职的企业中会产生怎样的附加价值，并牢记那些和附加价值无关的工作很难增加收入。

所有人都会本能地倾向于以现状为基准，在此范围内尝试做到最好。但是，从我们自身所掌握的技术和想要做的工作来看,我们所处的"现状"真的是最合适的吗?此外,我们眼下正在从事的工作究竟会产生怎样的附加价值?在这些附加价值之中,又有哪一部分是等价回报给我们的呢?如果没有深入思考这些问题,那么我们的收入就很难增长了。

此外,我还要在此提到一个比较严峻的情况,那就是:如果在企业中,那些并没有创造一定的附加价值的人,也能获得劳动回报的话,那么实际创造了附加价值的人应得的回报,就会流向这些没有创造价值的人身上。

这也会导致很多大企业的优秀员工无法增加收入,于是逐渐开始对公司心生不满。

常有人问我,为什么那些先进的外资企业的工资水准一般比较高呢?其实理由非常简单。外资企业的机制是:如果一些员工工作做得不好,就发放赔偿金让他们离职。这样做的好处是,即便短期内出现了一些付出和收入不对等的员工,但是从中长期角度来看,这类人就不存在了。

如果正在企业之中工作的你,想要更进一步控制自己的金钱,那就请时常确认以下两点:

- 从附加价值来分析自己的收入结构,将来这方面的收入是否能够增加。
- 对于自己的工作所创造的价值,能否获得相应的报酬。

存款是控制劳动报酬的本钱

我在前文中提到,在我们获得的劳动报酬之中,有两成左右要作为存款。为什么要存这笔钱呢?其实,这是为了将来从投资中获得收入,或是为独立工作做准备,保护自己的附加价值在未来不被他人夺走而存的。

如果在人为制造的工作机制之中被雇为员工,那么我们能够控制的自身收入的比例也就非常少了。

正因如此,**我们需要储备投资资金并从中取得收入,或自己做自己的雇主,控制自己的劳动报酬,如果无法做到以上两点中的任何一点,我们就很难拥有收入的控制权了。**

我一直会将从著书、演讲、主办培训获得的收入的20%~25%作为储备资金,希望它们未来能够成为我控制资产的本钱。

受媒体诱导会丧失控制权

关于金钱的使用方面,还有一点也希望大家格外注意。那就是注意不要被来自政府等方面的信息诱导。其实,这一点正是我们丧失金钱控制权的一大原因。例如:拥有自有房产是理所当然的或股票投资风险极高这一类信息,就属于"诱导性信息"。

正如序章中所说，我认为大多数人出于理所当然的想法购买房产并为此背负房贷，这样做的风险其实很大。

为什么这样说呢？因为个人没有能力左右国家的经济情况和土地价格。因此，在购买土地、房产，以及出售房屋的时机方面，我们往往会受经济环境和国家政策变化的影响，容易遭遇极大的利益损害。

例如：在通货膨胀时期购入房产比较合适，但如果当下正处在通货紧缩期，则不利于购入房产。**倘若在此时办理购房贷款，那么较推荐的贷款金额一般是购买人纯收入的30%，稍高一点也只是35%左右的程度。其实，只是如此低的比例就意味着我们已经丧失了对自身经济的控制权。**

虽然我们一生只会发生一次背负房贷的情况，但是土地价格，利率，经济形势，都会以5年、10年，甚至数十年为单位不断变化。对于我们这些非专业人士来说，预测一个合适的贷款时机，几乎是不可能做到的。

即便如此，**为何政府以及一些大型企业还要推动民众去办理购房贷款呢？这是因为，无论对政府还是对企业来说，房贷都是最能刺激经济，也最能获取高额利润的商品。**

明白了其中缘由，我们也就能从购房贷款的陷阱中脱身了。很多人会说："如果没有自己的房子，退休之后就没地方住了，令人不安啊。"但其实只要在退休后仍持有足够的金融资产，这件事就能轻松解决了。

比起背负不易控制的房贷，选择自己可以控制的公积金投资显然风险更小，也更容易掌控手中的金融资产。在后文中，我将为大家介绍相关的投资方法。

顺带一提，**如果你已经背负房贷，或必须办理房贷，那么我推荐你选择浮动利率。**

因为，固定利率其实就是在长时间内固定选择某一种利率，在这种情况下，我们必须要为此支付一定的担保金。

很多人认为要是选择浮动利率，利率上涨了不是就完蛋了吗？但是，当出现利率上涨的情况时，国家会有相应的政策控制上涨的上限。并且，利率上涨，证明土地和住宅的价值也在上涨。也就是说，此时正处于经济状况恢复的时期，在经济良好的状况下，利率上浮其实并不可怕。

其实，个人对外汇以及政府所推行的金融政策都不具有影响力。所以，购买价格会随着某些时机而上浮或下跌的物品，这实在是一种风险过高的投机行为。

超控制型思维的资产积累法

那么,我们如何在储蓄每个月收入的 20% 的前提下,仍能保证在急需用钱时,手头有可随时使用的资金?并且,怎样做才能确保到了晚年,每个月仍然有固定收入?

此时,**就要用到我 10 年来一直使用的"平均成本法"了。**

我至今还未发现有任何投资方法能够超越"平均成本法"。

所谓"平均成本法",就是每个月选择一个固定日期,在主要运作全世界的股票和房地产的网络证券等手续费低廉的证券公司,投入一定金额。

平均成本法的优势在于投资时机和投资对象极度分散。一般来说,只要世界经济能够持续平稳发展,那么从中长期视角来看就不会出现亏损情况。

一般人无法预测某个特定公司或某个特定国家的经济发展状况,所以只投资某个国家或某个企业这种行为无异于赌博。

但倘若面向整个世界进行投资,那么只要有一些国家的经济处在上升期,就不会亏损。企业投资也是同理,从整体角度来看,必然是在成长进步的。

此外,平均成本法造成本金亏损的风险较低,这也是这个策略的一大优势。

因为每个月都以一定的金额购买股票,那么股票价格下跌时，就能买下相对较多的股票。而相对地，股票价格高的时候，只能购买少量股票。比起定期购买一定数量的股票，这样做更能拉低本金的平均所获金额。

进一步讲，还可以利用自2018年1月起开始实施的支持小额投资的不征税制度——NISA[①]，这样一来投资所得收益可以免税，对于积累个人资产非常有利。

"iDeCo"和"NISA"，哪一种更有利

常有人问我"iDeCo[②]"和"NISA"哪一种更有利呢？我个人推荐大家使用"NISA"。

iDeCo，即个人缴费确定型养老金，是一种私人化的年金制度。它和NISA相同，是一种以不征税为特点的金融产品。

而我更推荐NISA的原因很简单，因为iDeCo的手续费比较昂贵，而且原则上讲，未满60岁无法将钱提出来。但是，NISA可以随时解约。综合以上这些原因，iDeCo自由操作的程度较低，所以并不容易控制。

[①] Nippon Individual Savings Account 的简称，即"日本个人储蓄账户"，也叫作小额投资不征税制度。日本政府推行的鼓励更多市民投资的制度。——编者注

[②] 全称为"个人缴费确定型养老金"。是在日本基本养老制度基础上的一种补充型养老金。每个月存入固定金额到iDeCo账户，投资有意向的金融产品。每年存入的总金额可以用于减轻个人所得税和住民税，而积累的个人存款和投资回报须在60岁以后才能领取。——编者注

储蓄型 NISA 每年最高投入金额为 40 万日元，能够获得 20 年的免征税优惠。因此，是否使用 NISA 会极大程度地左右中长期的缴税额度。

一开始资金可能增长得十分缓慢，不过 10 年之内，储蓄资金将增加 1.5~2 倍。10 年翻倍，20 年 4 倍，30 年就是 8 倍，像雪球般越滚越大，所以越早开始储蓄就越有利。

无法增加资产的人

虽然有些人对投资非常感兴趣，但也很难开始运用平均成本法。原因就在于，周围使用平均成本法的人太少了。

如果你身边有正在使用平均成本法的人，那么我劝你一定要尝试一下。如果你身边并没有人使用这种投资方法，那么我推荐你去参加使用平均成本法进行投资的学习讲座。

因为你不了解这种方法，身边又没有人使用，所以你才会感到不安。尝试去了解，并向正在使用它的人咨询，这样就能很快驱散你的不安了。

顺带一提，在我主办的胜间塾中，也有不少知识丰富的过来人，他们会无偿为那些没有经验的参加者们传授知识。

或许有人会感到疑惑：既然已经有了如此有利且安全的储

蓄方法，为什么还有很多人不知道这种方法呢？为什么不再多宣传宣传呢？银行和证券公司的人为什么从来不推荐呢？

这是因为平均成本法的手续费太过低廉，所以对证券公司和银行来说，赢利微乎其微，所以既不会刊登广告宣传，也不会在办理业务的窗口推荐。顺带一提，越是那些在证券公司和银行工作的人，或对金融比较了解的人，越会倾向使用平均成本法。

如果你在读过本书后对平均成本法产生了兴趣，那么我推荐你阅读我的畅销作品《不要把钱存进银行》，或在网络上查找相关信息，试着去学习金融的基础知识和实践方法。

虚拟资产应控制在总资产的 5% 以内

说起来，最近虚拟货币的价格一直在升高，且受到了广泛关注，越来越多的人开始对这个概念产生兴趣。

倘若要我以经济评论家的身份提出建议的话，我建议对虚拟货币的机制本身不太熟悉的人，最好不要投资虚拟货币。

如果无论如何都想拥有一部分虚拟货币的话，建议将虚拟资产控制在总资产额的 5% 以内。

比起虚拟货币，我更推荐大家关注全球股市指数或全球房地产信托指数，这是因为这两者是有分红的，而虚拟货币却并没有分红。

怎样做才能增加自己的资产呢？关于这个问题，大多数人会将目光放在本金的增长方式上，但实际上大多数的收益是从分红中得来的。

长期持有优良资产，并将获得的分红进行再投资，从而进一步增加资产，这种办法其实就是超控制型思维的资产积累法。我更推荐大家使用平均成本法进行投资，而非一夜暴利的虚拟货币。

避免使用现金

在资金的控制方面，我还希望大家能够养成一个习惯，那就是手边尽量不要放现金。这是因为，一旦你的资金变成了现金，你会很难发现钱都具体花在了哪些地方。

与之相对，使用信用卡或电子钱包支付时会留有账单，这种支付方式的优势就在于，能方便我们掌握自己在何时何地使用了这些钱。

最近越来越多的信用卡推出了使用电子明细优惠100~200日元的活动，不过我还是坚决建议大家养成认真检查纸质账单的习惯。

我们要逐行确认信用卡账单，保证没有遗漏掉任何一笔支出。

通信费用分成三笔比较划算

　　手机费以及照明取暖费也要和信用卡一样，不仅要掌握支出总额，还应该养成核对每笔支出明细的习惯。

　　进一步讲，如果是和三大通信公司[①]签约的话，你的手机费会高出不少，所以我强烈建议大家改用更便宜的通信公司。诸多调查显示，越是高收入者，越倾向于选择低廉的通信公司。这也意味着，越是在金钱的控制方面比较留心的人，越是会严加注意金钱的流向。

　　顺带一提，我同时使用三家通信公司的手机卡。
- 接听电话所需的通话卡：excite mobile。
- 拨打电话所需的通话卡：G-Call。
- 数据传输所需的流量卡：FUJI Wi-Fi。

　　之所以分成三家公司，是因为这三家公司有不同的服务特色，如果只使用一家公司的手机卡的话，手机的费用就会高出很多。

　　例如，在接听电话方面，我选择了 excite mobile 公司。并且，和女儿绑定了号码，按需支付两人份的通话费用。因为我基本都是接电话，很少拨出电话，所以选择使用 excite mobile 的

[①] 日本三大通信公司分别为：au by KDDI、SoftBank、NTT docomo。

这个包含未接来电留言的服务。我和女儿两个人合起来每个月大概话费在3000日元左右。而拨打电话则选择使用G-Call公司的套餐，每个月固定支付800日元电话费用，这个套餐的优势在于每次通话前10分钟是免费的。

我希望在家和出门在外都能随意使用网络，所以我选择的是FUJI Wi-Fi的每月5000日元，200GB的流量套餐。因为流量充足，所以出差时也可以使用网络或观看网络视频。如果长期签约，价格会更加优惠，不过我比较倾向于能够随时解约，所以目前是按月签约。

如果在同一家大型通信公司签订以上这些业务的话，费用会十分昂贵。而全部选择价格较低的通信公司，通话时数据传输速度又会下降，所以我才有意选择其他公司签约数据传输。

不过，我的这个选择其实也只是目前的配置，一年或两年后可能又会有新的变化吧。

无论如何，像通讯费这种每个月都固定会花费一部分金钱的支出，我们一定要做好相关调查，选择性价比最高的消费组合。

按用途区分使用信用卡

和手机相同，信用卡也需要按照用途分成三张卡。

· 每个月支出固定的电费、取暖费和报刊费等生活费用的信用卡。
- 专门用于在亚马逊网络商店等电商平台购物的信用卡。
- 其他（如出差时需金钱支出使用的）信用卡。

如果所有支出都使用同一张信用卡的话，我们会逐渐疏于检查账单，变得"黑箱"化，于是这张卡就会被它所支付的账单分割。

选择同一种服务时，一定要仔细斟酌服务内容，如果有更低廉、更优质的服务，就要立刻调整。

在会计术语中，多余的花费被称为"冗费"。

我们要像每日整理家务一样，不断调整花钱的方式和方法。

如果长期任由心情花钱，花钱对于我们来说就会变成一种无意识的行为，审视花钱方式的意识也会变得淡薄。最终会导致我们在不知不觉中支出许多不必要的花费。

注意生活中隐藏的冗费

谈到冗费，我要再进一步强调一下。原则上我们不应该使用不合乎我们自身经济状况的服务，这对于我们来说非常重要。

例如，我独自出行的时候会尽量避免乘坐出租车。因为出租车司机要为我一个人服务，这样会增加不必要的支出。

例如：乘坐出租车约20分钟的路程，我需支付2000日元左右的费用。不计油费等成本的情况下，这位出租车司机的时薪就是6000日元。在当今日本，没有任何一个行业的人能拿得到如此高的时薪吧？即便有这样的人存在，这笔钱也应该用在更有意义的事情上，实在没必要特意用于乘坐出租车上。

至少在东京都内，提前10~20分钟出发乘坐公共交通工具完全不会迟到。和出租车不同，公共交通工具享受着极为高昂的初期设备投资费用和维护费用。并且，因为其在一定程度上获得国家政策支持，所以能够为民众提供廉价的长距离出行服务。

也就是说，在东京都内的交通服务中，出租车的使用费大部分情况下都是冗费，而使用公交车或地铁等公共交通工具的性价比才是最高的。

此外，我们的一日三餐也是同理。日常购物时，尽量不要买那些不符合我们经济状况的加工食品。

如果购买的是应季食材，然后回家烹饪，其实是既省钱又省时的。完全没必要购买价格高、营养价值低、口感差的加工食品和冷冻食品。

虽然从社交和取悦自己这两点来看，外食对于我们来说是不可或缺的，但我认为，从满足营养需求这一点来看，不应该选择外食。

自己做饭的话，一人份的晚餐只花费 300 日元；花费 500 日元，那可以做一顿豪华的晚餐了；花费 1000 日元，估计菜品的量就会多得吃不下了吧。

如果是家庭聚餐的话就只需购买食材即可。或许有人会说，把大家叫到家里来的话，打扫屋子太麻烦了！但是，只要每天使用扫地机器人，将家中环境保持在随时能请人来做客的程度，就不会有这种苦恼了。

视野之外的东西，会从记忆里消失

怎样判断哪些属于冗费，哪些不属于冗费呢？这其实和我们的收入程度无关，全看个人。我们日常保持断舍离和整理意识能够对判断哪些是冗费起到很大的推动作用。保持这样的意识，我们就能时常反省是否有买了从未没用过的东西，以及买得非常有价值的东西。

我在前文中提到，要仔细核查信用卡和电子钱包的支付账单，保证没有任何一笔钱用在不需要的事物上。同样的，**我们家中摆放的物品数量也应该控制在我们能够完全管理的范围内**，要避免购买很容易从记忆中消失的物品。

这样，收纳在柜子的物品数量会降低一半以上，同时也能够立刻看到拥有的全部物品。

一定要定期清除无用的物品，保证所有物品都在自己的掌握之中。

管理的诀窍就是不要制造死角,因为那些没有进入我们视野之中的东西是会从记忆里消失的。当然,遗忘也就意味着不会使用,这样只会造成不必要的浪费。将物品放入柜子时,为了保证不出现死角,尽量醒目地平铺会比较合适。

正因如此,一次性大量购物是非常危险的。如果衣服和鞋子被收纳在很难拿到或看到的位置,和没有是一样的。注意控制购买物品的数量,应该避免因数量过多导致不得不将物品收纳到角落。

买衣服时也一定要提醒自己,避免冗费。

例如,**必须要干洗的衣服的保养费会很高。**那么无论在购买这件衣服时享受了多低的折扣,每穿一次就意味着要花费500~1000日元的清洁费。这些费用也都要算作这件衣服的花销。

我在自己的另一本书《胜间式超逻辑家务》中也曾写到,我以前也买过不少需要进行干洗和特殊护理的名牌服装。而且,这些名牌服装的护理费用比一件普通的衣服要高很多。每次干洗时,我都会为高达数千日元的清洗费感到心痛,所以我现在不会买名牌服装了。之后,我又借着"断舍离"的机会,将这类衣服全部处理掉了。现在,我严格贯彻只买在家就能清洗的衣服这个原则，减少了很多在衣服上的开销。

不要只想着一时的费用，要思考直到将其用完为止会产生多少费用，养成了解物品的维护费用的习惯。

每月只要980日元，就可以获得考试辅导

对于有孩子的家庭来说，教育费用应该占了开销的很大部分吧。

聘请家庭教师进行一对一指导，或是参加补习班，教育方面的费用每月基本都会在数万乃至数十万日元左右，如果是多子女家庭的话则需要更多的费用。

不过，最近一段时间，出现了费用十分低廉的网络教育服务。其中有一个广受关注、并已有很多人选择的教育服务品牌，就是"学习补剂[①]"。

最近在周刊漫画杂志 *Morning* 上连载的热门应试题材漫画《龙樱2》，就提到了"学习补剂"，也掀起了广泛的讨论。"学习补剂"推行的是每月花费980日元，可在网络获得名师授课的服务。这项崭新的教育服务机制是由瑞可利公司推行的。在此之前，我的一位朋友便向我推荐了这项服务。我听到后非常惊讶："竟然有如此方便且价格低廉的补习方式！"我立即向正在准

---

① 瑞可利股份有限公司旗下子公司运营的网络补习班。——编者注

备大学入学考试的女儿推荐了这项服务。

那么,"学习补剂"为什么能以如此低廉的价格提供教育服务呢?其中因由,我已经在讨论"供需平衡"的部分提到过。

简单来说,一位老师在网络上授课会吸引上万名的学生来观看,花费在老师身上的费用也就分摊到了上万人身上。在补习班和补习学校的传统授课模式下,学生的数量至多也只是数十人,所以每一位学生所支付的补习费用就会十分高昂。

并且,网课的形式也不会产生场地租金等费用。

除价格外,该机构采取视频授课,学生们可以根据自己的学习进度学习,并且还可以用1.5~2倍的速度观看视频,这些都能够让学习变得更有效率。虽然网络学习可能会因为身边缺少严格指导或互相鼓励的人,导致自我管理的难度变高,但是从性价比的角度来看,网络视频授课的确具备极大的优势。

获取最新的科技商品有助于削减浮动费用

以"学习补剂"为例,各种新兴技术的出现,为我们节省了很多迄今为止不得不支出的费用,可以说是大有裨益。

在我家,有着水波炉、无水电蒸锅、家用面包机等轻而易举就能做出可口饭菜的最新厨房烹饪家电,基本杜绝了购买半成品菜肴以及外食的现象，饮食相关的冗费因此得到了大幅削减。

比起熟食或外食，使用烹饪家电制作的菜肴要更加好吃，而且营养摄入也更加平衡，会让人变得更健康。这样一来，我们的满足感和幸福感都会得到显著提高。

为了购买性能杰出的电子产品，我会预留一笔家庭设备投资金，这样一来，浮动费用则会相应减少。

我们一定要关注日常生活中浮动费用这项开支，并努力思考该如何减少这项支出。关于购买新型厨房家电等固定费用，我们需要计算用几个月或几年的时间可以收回购买设备的投资成本。如果这个收回期很短的话，那就不要犹豫了，马上投资吧，这样就可以降低浮动费用了。

例如，每周3天晚上外食，每次需要花费3000日元，这样一来，每个月外食12次（4周）×3000日元，等于每个月花费了3.6万日元的外食费用。这笔钱完全可以购买一台无水电蒸锅。如果放弃外食，选择使用电蒸锅在家做饭，那么仅用一个月就可以收回购买设备的成本。

食材费用也一样，一个人一次外食需花费3000日元，而使用无水电蒸锅为一家四口人做一顿饭的食材费，平摊到一个人身上的费用仅为200~300日元左右。

有些人会说："可是做饭太费工夫，太花时间了！"但是使用无水电蒸锅的话,就只需要将切好的食材和调味料一起放入锅内即可。运用这种"超逻辑型"烹饪法,只用10分钟时间处理食材,等待几分钟就可以吃饭。

关于"超逻辑"型家务,我会在第五章中为大家详细说明。

"地位性商品"是一种极度的浪费

关于金钱,还有一点非常重要,就是不要把钱花在虚荣上。

在经济学用语中,有"地位性商品"和"非地位性商品"的说法。

所谓的"地位性商品",就是比起将钱用在自己身上,更倾向于投资那些能够满足攀比心的商品。而所谓"非地位性商品",则是从自身的方便角度出发,而非同他人攀比来获得满足感而购买的商品。

当然,名牌商品大部分其实都属于"地位性商品"。

名牌商品使用的是经过精挑细选的材料,并且制作工艺优良,还能够提供十分优质的附加服务。即便如此,为了在租金高昂的地段开设门店,同时为优秀的员工支付高额工资,这些成本都极大程度地反映在产品的价格上。尤其高档品牌的手表和车的价格更是高得没有边际。

说起手表,那种镶嵌钻石,要价数十万、数百万日元的名牌表自然属于"地位性商品"了。但是，除了显示时间这种基本功能外，还具有支付、计时、身体活动相关监测等诸多最新功能的铝制 GPS 型苹果手表就属于"非地位性商品"。为了满足我们的需求，通过"超控制型思维"选择的产品，自然是属于"非地位性商品"的产品。此外，也没有必要去购买最新型号，选择旧机型不仅能够快速收回固定费用的成本，还能以低廉的价格获取。

在购买各种产品或服务时，不要想购买后是否能获得别人的羡慕这种问题，这样购买这个行为就会变得非常简单，也能够大幅减少不必要的支出。

运用控制型思维摆脱金钱焦虑

从结果来看，无论你拥有多少财产，多么努力赚钱，如果你自己无法控制手中的资产，那么只会造成浪费。

于是，这样下去资产减少或收入减少应该怎么办这类不安会始终萦绕着你。

其实，如果我们能在日常生活中合理控制应该怎样使用金钱，要把钱花在什么地方，并且能够做到使用收入的 80% 甚至更低的金钱维持日常生活，那么关于金钱的不安就会消散。

只要使用平均成本法将剩下的 20% 的资金用作投资,数年下来就能积攒出一整年的生活费,而 10 年、20 年之后,则会获得数年甚至更多的生活费,这样一来,面对未来也就不会感到焦虑了。

将积累下来的资产除以每月所需的生活费,就可得出一个我称其为"无收入生存月数"的数值。

这个"无收入"生存月数至少要有 1 年,最好是 5 年以上,这样我们才不会有金钱方面的不安。

请大家逐渐习惯控制金钱的感觉,我很期待这种控制能为大家带来舒适的生活。

第三章

控制健康

不要凭个人意志管理健康

关于健康，我有很多想说的内容，多到用一整本书都说不完。因此，将如此多的内容总结到短短一章中是很难的，我尽量只介绍其中的精华吧。

我为何如此重视健康呢？因为只要控制好健康，人生的大部分时间就能够过得很幸福。

话虽如此，但是工作不顺或没有收入的话，精神和肉体都会生病的吧？因此，在一定程度上，没有工作和金钱方面的烦恼是保持健康的关键，但反过来却是不成立的。也就是说，就算工作和金钱方面毫无困扰，但失去健康，我们也会彻底丧失幸福感。

从这一点来看，健康可以说是构筑幸福的重要基础因素。比起工作或金钱这类很难独自控制的事项，在健康方面，个人能够控制的范围就要大很多，控制起来也很容易。希望大家牢记这一点。

在健康方面，我平时会努力提醒自己：意志力是完全不可靠的。

我稍不留意就会熬夜，忘记运动，还会吃些对身体不好的食物。倘若完全遵从自己的想法行动，那么我做的事情可能都会对健康造成不好的影响。

谈到这一点，其实不只是我，正在阅读本书的大家或许也有很深的感触。

就算知道这样做对自己的身体是有害的，却因贪图一时的乐趣而放纵自己。对于将来可能出现的风险，我们可以运用"打折"的思维来看待，而这样的人就是"时间打折率较高的人群"。

反之，为了避免未来的诸多风险，有意识地控制当下的享乐，能做到这一点的人属于"时间折扣率较低的人群"。

短时间内会令人感到愉悦，但从中长期角度来看会产生各种不良影响的所谓"高时间折扣率"的代表，首当其冲的就是饮酒吧。

我们总是会听到很多劝人饮酒的说辞，比如酒是万能药；没有酒，人生的快乐会减半；社交应酬绝不能不会喝酒，等等。

但是，据国际权威医学杂志《柳叶刀》在2018年刊登的一篇论文，将迄今为止在全世界范围内进行的592例围绕酒精展开的相关研究汇总后，得出了以下这样一个可信度最高且无比直白的结论：

"最健康的饮酒量是每天 0 杯。"

的确,一些资料显示,摄入少量酒精或许会在某种程度上降低与心脏等循环器官相关的患病概率,但是这样做却会提高罹患癌症的概率,所以从整体来看,很明显饮酒要比不饮酒更有害健康。

虽然每天只喝一杯并不会大幅提高罹患疾病的风险,但可惜的是,人类天生对酒精不具备抵抗性,有很多人无法控制一天只喝一杯。每天持续喝下去,一杯就逐渐变成了两杯,两杯又变成三杯,三杯变四杯——按照这样的节奏,我们罹患酒精依赖综合征的风险就会逐渐升高。

我非常清楚自己的意志力并不强这一点。并且也知道,饮酒量和其为健康所带来的不良影响是成正比的,所以我认为,完全没必要特意去摄入酒精。

话虽如此,已经养成每日饮酒习惯的人是很难立即戒掉的。那么,怎样做才能戒酒呢?

答案其实很简单,**不要在家里存放酒。同时,尽量避免接触有饮酒习惯的人。**也就是说,关键在于尽量避免处于会考验意志的环境中。

此外,参加宴会的时候,要告知周围人自己不喝酒,请不要劝酒。而且如果自己主动想喝酒,希望大家能劝住自己。

总而言之，不要只是依靠个人的意志力，而是应该注重创造不饮酒的环境。

我曾阅读过大量交通事故的手记，其中印象极为深刻的一点是，极为严重的交通事故，大部分都是由酒后驾驶引发的。

比较轰动的当属 2018 年秋天早安少女组前成员吉泽瞳酒后驾驶引发交通事故，并遭逮捕这件事吧。

我们其实都很明白，酒后驾驶这种行为无论是对自身，还是对他人都十分危险。所以如果喝了酒，当然是不能开车的。

然而，有酒精依赖综合征的人却做不到。他们从早到晚都无法摆脱酒精。所以他们无论何时驾驶，都属于酒后驾驶。

我想要依靠自己的意志和力量度过一生，所以绝不希望自己的人生被酒精支配。

可怕的是，小小一杯酒，就有可能影响我们的意志。归根结底，从一开始就滴酒不沾才是最安全、最简单的做法。

不要碰酒精，这可以说是保证健康的第一步。

接下来你会发现，不接触酒精的话，食欲也变得更容易控制了。

其实不久之前我还在喝酒，那时要比现在胖很多，甚至到了有电视台邀请我参加减肥节目的程度。

现在我停止饮酒，也没有特意控制饮食，却不再肥胖了。

其实，这也是理所当然的，我的中枢神经系统能够意识并理解我不会再摄入酒精了，于是在感受到饱了的时候，就会发送信号，提醒我不用再吃了。

经常饮酒会导致我们的大脑被酒精控制，被控制的大脑为了能喝更多的酒，会不停地下达继续吃下去的命令。结果我们也无法再控制自己的体重，导致肥胖。

远离易成瘾物质

我积极控制的不仅是酒精，还有香烟（尼古丁）、咖啡因、可可等物质，这些都属于极有可能摧毁我意志的易成瘾物，所以我会尽量避免接触它们。

此外，我还会尽量减少糖类的摄入。其实很少有人知道，糖类也是会支配我们大脑的易成瘾物之一。

看到这里可能会有人觉得太夸张了吧。我非常能理解，毕竟在我们的日常生活中，糖分是无处不在的。但是，全世界范围内肥胖人口呈爆炸式增长，罪魁祸首其实就是糖分的摄入量超标。

肥胖人口爆炸式增长的直接原因

据肥胖问题专家、美国加利福尼亚大学的罗伯特·勒斯蒂格（Robert H. Lustig）教授的著作《杂食者的诅咒》所述，现今无论是发展中国家还是发达国家都饱受肥胖问题的困扰，这主要是由诸多现代社会体系造成的，责任并不在我们自身。

勒斯蒂格教授指出，当今社会出现肥胖人口爆炸式增长的现象，其最大诱因之一正是果糖饮料的增加。如果是食用完整的水果，对我们的健康有益的。而果汁是将水果榨汁，水果中的食物纤维也会被打碎，这时我们喝下的是一杯只剩果糖的果汁。因此，就会导致我们糖分的摄入量超标，进而变胖。再加上长期饮用添加大量白砂糖的饮料，我们会一步一步深陷"糖分中毒"而难以自拔，肥胖的速度也会迅速增快，进而威胁我们的生命健康。

实际上，WHO（世界卫生组织）已经建议，游离糖（葡萄糖、果糖、蔗糖、砂糖、蜂蜜、果汁等）的每日最大摄入量最好不超过25克，但是大部分日本人只要日常还在食用加工食品，糖分的摄入量就必然会超过这个推荐值。

因此，我的原则就是不在家里存放加工食品。并且，我在自己做饭时不会使用糖类。唯一会在家中用到糖的情况，是自制面包的时候。为了让面团更好发酵，我会在每斤面粉中加入10克左右的砂糖。我之所以坚持自己做面包，也是因为不清楚市面上的面包中添加的砂糖量。

过敏症、风湿病等免疫类疾病，以及癌症、动脉硬化、糖尿病、阿尔茨海默病等疾病的产生都和体内的炎症有关系，而直接导致炎症的因素除了吸烟、喝酒之外，还有摄入糖分导致的血糖值升高。

控制健康的大前提，就是从一开始避免在家中存放那些明显会提高我们患病风险的食物。

我再重复一遍，面对易成瘾物，一定不要过于相信我们的意志力。首要考虑的是如何为自己创造更健康的饮食环境。

顺带一提，有一点我经常会被人误会，那就是我绝不会对送自己礼物的人说："这个东西对身体不好，所以我不要。"我对送自己礼物的人是满怀感激的。所以出门在外，如果对方端出茶点或者特产点心，我都会心怀感激地品尝。

我只是在自己能够控制的范围内，尽量避免摄入糖分。

想要预防肥胖，运动之外的活动量才是关键

为了保持身体健康，还有一点也很重要，那就是"活动量"。

在我们每天的生活中，避免摄入多余的热量，保持运动习惯，这些都很重要。除去这些之外，还有哪些事很重要呢？

那就是"非运动性热消耗"(NEAT，全称 Non-Exercise Activity Thermogenesis）了。也就是说，预防肥胖的重点其实不在专门的运动上，而在于在日常生活中如何积极主动地活动身体。

我平时会用苹果手表记录自己一整天的活动量，这个活动量也包括日常走路。其实运动和酒精、糖分一样，都不能完全依靠我们自己的意志控制。如果单纯依靠意志的话，我们会把要多动一动这件事忘在脑后。

最近有一个说法，叫作"久坐无异于吸烟"。意思是说，坐得越久，对身体越不好，越容易早死。

说起来，在购买苹果手表时，最打动我的就是它的活动程序。每隔一小时，苹果手表就会检测我的体位状态，如果佩戴者一个小时都保持坐姿，它就会提醒"站起身活动一分钟吧"。

不知道苹果公司是否也获取了长时间伏案工作对健康不利这个信息。能够针对最新的问题，迅速开发相关软件并投入使用，我对苹果公司表示佩服。

一旦开始伏案工作，不知不觉就会坐两三个小时。我推荐大家在办公时使用苹果手表这类的设备，设置每小时提醒一次的闹钟，提醒自己注意不要久坐。

此外，还有一种能够让身体经常活动的运动，那就是"做家务"。

我会在第五章详细地讲述如何控制家务。例如：水池里未清洗的餐具，或者已经超过洗衣机单次清洗容量的脏衣服，这类情况在我家是不会出现的。我家的规定是，脏了的东西要当场洗干净。

同样，我在整理好垃圾和纸箱后会直接放到小区的垃圾收集点。使用任何东西后，我都会马上放回原处。处理家务的基本原则就是当场完成。

此外，我还养着两只猫咪。猫不仅会吐毛球，还会使用猫厕所，处理这些家务也会花费时间。希望大家能把照顾宠物也当作是活动身体吧。

除做家务外，在客厅放张乒乓球桌，一家人唱卡拉OK，或者一边玩剑玉一边做深蹲……那些能够边游戏边活动身体的机会，就散落在家的各个角落。

大部分人都会觉得做家务很麻烦，习惯性拖延，但我希望大家能将家务当作是活动身体的好机会。这样不仅每小时都可以活动身体、预防肥胖，还能把家收拾得十分整洁，正可谓一举多得。

我曾仔细观察那些身材纤细的人，发现他们会经常活动身体。同样，那些在车站或商超中选择爬楼梯的人，或是走路步速很快的人，基本没有肥胖者。反之，请大家观察一下那些不爱活动或走路慢的人，或是经常避免爬楼梯的人，这类人中必然是肥胖者居多。

比起每周专门花一小时去健身房运动，每天都有意识地随时活动身体才更重要。每日"非运动性消耗"较高的人，不仅不易发胖，也更长寿。

使用 APP 管理睡眠

我在前文中也稍有提及我对睡眠的控制。如果仅凭自身意志，那么必然会因贪图玩乐而熬夜。但是熬夜会导致我们的工作效率降低，还会把各种糟糕的后果反弹到我们自己身上。

那么，怎样才能管理睡眠呢？我建议大家可以为自己的睡眠专门建立一个管理日志。

在睡眠观察方面最方便的当属苹果手表上的付费 APP "AutoSleep"了。只要佩戴苹果手表入睡，这个 APP 就会检测睡眠时长，并自动计算我们的心跳频率。

此外，睡眠中深睡眠的时长等信息也会被记录下来，我们不仅能够通过记录判断自己的睡眠质量，也可以分析哪些因素会影响睡眠，这些都是这个 APP 的优点。

即便没有苹果手表，也有很多管理睡眠相关的 APP，请大家一定要多多尝试。

可能很多人会想问："戴着苹果手表睡觉的话，应该在什么时候充电呢？"我推荐大家在洗澡的时候充电。只要在换衣服的地方放置充电器，就能在洗澡时为手表充电了。

我自己买了两块苹果手表，所以会交替使用。

关于睡眠，我还推荐大家阅读英国的心理学家理查德·怀斯曼写的《优质睡眠的科学告诉我们的十大秘密》。阅读这本书，我们会发现一直以来我们对于睡眠的态度是多么草率，以至于影响了我们的日常表现。例如，一个运动员想要刷新自己的最佳纪录，比起努力训练，更应该保证充足的睡眠。

有很多人认为，增长睡眠时间就意味着削短了自己的人生，其实正相反。**睡眠质量越好，就越能活得长久，清醒时的效率也会大幅提高。**

我们需要从整体出发，为自己的生活设计最佳方案，当然也要考虑睡眠的时间。

"预防型医疗"让你的人生更轻松

我认为，包括睡眠在内，我们在健康管理方面最应该做的就是"预防疾病"。

一旦感到身体有任何不适，就应该立即对症查找资料，并向相关专家咨询。对于饮食或酒精的控制也是一样,我们应该将未来的患病风险降到最低。

在北欧想要预约牙医看诊,一般都要等一个月甚至两个月。

这并不是因为牙医太少或有虫牙的患者太多,原因正相反,大家都是为了预防牙齿疾病预约牙医看诊。因为北欧诸国都会积极宣传预防虫牙,所以去看牙医的人大部分并没有虫牙,都是为了预防,等上一个月也完全没关系。

我每个月也会定期去牙科诊所请专家检查牙齿状况,从根源杜绝虫牙和牙周疾病,保证一生都拥有一口好牙。

大多数人都是出现牙齿疼痛、松动等情况,才会想到要去看牙医。实际上,如果你的牙已经开始痛了,这时候再去看牙医已经晚了,已经被虫蛀了的牙无法恢复如初。一般的处理办法就是把蛀坏的部分磨掉,再用一些人工的填充物补上缺口。

一旦开始治疗虫牙,每周都要去牙科诊所,既浪费时间又浪费金钱,而且治疗过程还会伴随疼痛。最重要的是,**你此后一生都无法再拥有一口健康的牙齿了,这种丧失感是十分沉重的。**

如果每个月去看一次牙科医生就可以预防这种风险,那么何乐而不为呢?

此外,最近我还出于预防的目的,预约医生进行了便秘的相关检查。

我其实在 20 多岁的时候就饱受便秘折磨，这几年我坚持自己做饭，也注意多摄入优质的食物纤维，但是便秘情况却丝毫没有得到改善，于是我下定决心去医院检查。虽然我的女儿和我摄入的食物相同，但她丝毫没有便秘的情况，只有我一个人始终饱受便秘之苦。

有一种说法是"便秘是百病之源"。我觉得一直这样下去会对健康不利，在做了诸多调查后，选择了好评较多的东京港区小林医疗诊所进行了便秘相关检查。

在小林医疗诊所，我接受了经验丰富的小林弘幸医生的诊察，做了超声、X 光片、血液检查等检查，最终查明了原因。

我 10 岁时曾罹患重度的阑尾炎，因为炎症的影响，我肠道的右半部分处于闭锁状态，肠蠕动的能力要大大低于其他人。

除了便秘之外，这样的身体情况还为我带来了其他不良影响。比如，我平日更容易感到疲劳，而且很难分泌血清素等稳定情绪的激素，所以很容易感到不安。

诊察过后，我遵循小林医生的建议，开始定期摄入乳酸菌、水溶性纤维、氧化镁等物质，肠道功能也逐渐恢复到了正常人的水平。事实上，肠道功能恢复之后的这一年里，周围的人都纷纷表示我比以前开朗了许多。

当身体出现不适时，越拖延就越容易引发其他的不适。应该查找优良的医疗资源，尽早治疗。通过我本人的例子想必大家也已经明白，尽早解决不适，这是令我们人生好转起来的一大契机。

预防疾病能够让我们未来数十年都处于最轻松的生活状态。在身体的不适发展为疾病前，尽快干预，解决不适，是最好的控制健康的方法。

我再重复一遍，除了要避免饮酒、吸烟、糖分摄入过量、睡眠不足等不良生活习惯之外，从预防角度出发，应该定期去看牙医。如果身体有其他不适，也要立刻去找相关医生诊疗。

这样，才能令我们的身体一直处于最健康的状态。

如何判断海量的健康信息

我为什么会如此在意身体健康，那就是我个人的体质原本并不算健康。

我是早产儿，从儿时起就很容易生病，读书的时候经常因发烧无法上学。即便我已经长大成人，但只要我稍微不爱惜身体，就会发烧或者感冒。同时，我还是易过敏的体质，对很多食物都过敏。

正因如此，我才深知健康的珍贵。平时我经常阅读专家的著作和论文，努力收集各种和健康有关的信息。

与此同时，为了能够更加彻底地管理自己的身体健康，我也很愿意和他人交换信息，希望这样能为其他体弱多病的人，以及身体康健的人提供帮助。

专家，甚至并非专家的普通人，都会在电视节目、杂志、书籍上谈论健康。健康相关的信息量非常庞大，这也会让人感到迷茫，无法分辨哪些信息才是可信的。

我建议大家：先筛选出一定程度上比较可信的信息。然后，不要全盘接受这些信息，暂且当它是一个"假设"来实践。

比如，我曾在大约一年前开始尝试一种名叫纯素饮食的饮食法，这种饮食法主张不摄入动物性蛋白质。我之所以会尝试这种方法，是因为我看了2018年的新年期间网飞播放的《什么是健康？》这个纪录片，当时受到了极大的冲击。

这个节目的主题就是"因饮食导致的健康问题"。其中最令我感到震惊的是，炎症是导致各类疾病的罪魁祸首，而最容易引发炎症的食品就是动物性蛋白质，也就是肉类及乳制品等。

肉类及蛋白质中含有的脂肪是饱和脂肪酸，摄入过多的饱和脂肪酸容易引起动脉硬化。同时，它也会增加心脏疾病及脑梗塞等疾病的患病风险。因此，从预防的角度出发，我选择纯素饮食这种不摄入动物性蛋白质的饮食法。

当然，只要没有彻底杜绝外食，就不可能完全不摄入动物性蛋白质。因此，外食时我会尽量控制自己的饮食，但倘若只有肉类这个选项，我还是会吃肉的。自己做饭时，我会尽量遵循纯素饮食，尽量避免摄入肉类和乳制品。

因为我从小时候开始就基本不吃肉，所以我能够毫无障碍地坚持这种饮食方法。

自己做饭是最好的健康控制法

我一直尽最大努力坚持自己做饭，是因为这样能够完全掌控所有食材。

正如我在前文中提到那样，为了保持健康，我会尽量避免摄入过多的糖分、盐分、动物性蛋白质等。而食用加工食品或者外食的时候，我完全无法控制吃进嘴里的食物的制作工序。

自己做饭，就能够完全遵守不使用对健康有害的食材原则，因饮食导致的健康问题的风险会无限趋于零。

在控制健康方面，饮食是最大的影响要素。可以肯定地说，自己做饭能够显著提升控制效果。

我一般选择糙米当主食，做面包时会使用全麦粉，也就是说，我的主食是以茶色碳水化合物为中心的。外食一般很难吃到这类主食，但是，在家自己做饭的话，每天都能吃到棕色碳水化合物。这类碳水化合物非常健康，而且习惯了这种味道之后，你会发现糙米和全麦面包远比精制米面要好吃。

正如前文提到的那样，现代人的健康状况受饮食的影响非常大，其中最主要的原因就是我们一直在摄入白砂糖和小麦粉这类去除食物纤维和微量元素的精制食品。比较典型的例子，就是我在前文提到的饮用果汁导致的糖分摄入过量。

仍保留外壳的非精制糙米和全麦粉等棕色碳水化合物，被称作"全食（whole food）"。所谓全食，就是从根茎到种子，甚至外皮都能食用的食品。全食也包含能够从头到尾整个吃下的鱼类（如煮小鱼干）。

将食物换成全食，现代人的饮食问题大部分都能迎刃而解，何乐而不为呢？

选择食物要遵循"快乐而不勉强"原则

我在选择外食时，会提前调查外食店铺对于食材的选择和烹饪方法是否可信。如果是连锁店，我会在这家连锁店的官网上了解他们菜品的成分和经营方针。

我是某家高尔夫球场的会员，那家高夫球场内的餐厅经营理念非常明确，遵循只使用低农药及无农药蔬菜、不使用化学调味料、不使用过多糖和盐等几项原则，对我来说真是非常合适。

每次和朋友去打高尔夫，我一定会选这一家餐厅吃饭。

顺带一提，我做这些事的时候并没有在勉强自己。这样做不仅会让我感到十分快乐,还能吃到美味且健康的食物,真是既开心又满足。

在开始践行健康的饮食生活时,一定要注意不要过度抑制自己的欲望,否则我们很容易产生巨大的精神压力。为健康着想,我们也不能让自己有过多的精神负担,这一点非常重要。强迫自己选择健康饮食,是非常矛盾的,也是一种本末倒置的行为。请务必留意,切勿过度压抑自己。

此外,当你感觉目前采用的饮食方法并不适合自己的体质,身体也开始感到不适的时候,我建议你立即放弃这种方法。继续坚持只会为自己增添负担。

健康与压力

为了保证身体健康,我们应该尽量减少自己的身心负担。但是,在日本这种将忍耐当作美德的国家,很多人都不太懂得如何减压。

尤其是对于工作这方面的控制,其实是最难的。

然而,正如我在第一章中提到的那样,控制工作的时候,需在时间和情绪方面留出两至三成的富余。

我时常会接到演讲的邀请,这样就必然需要往返于东京和其他城市。如果不控制自己留出两至三成的富余,日程表就会立即被填满。因此,为了避免压力,我限制自己一周只做一次演讲。超过这个限度的演讲活动，我会尽量规避。

同样，我还设定了如一个月至多接受两件一整日都需要在交通工具上的工作，一天至多做三件采访及对谈类型的工作等工作量的上限。

因为我很清楚，工作量一旦超过上限就会影响我的身体健康，所以我会以不让疲劳感持续到第二天为前提安排自己的工作日程。

如果是在公司上班的话，可能无法将工作安排得如此干脆利落。不过，我在做公司职员时，有个屡试不爽的好办法专用来解决工作安排的问题。那就是在合理安排工作的同时，也要给自己合理地规划休息时间。

具体策略如下：

· 午休时间要休满。

· 合理利用去厕所的时间休息。

如果处于不加班就要被异样的眼光看待的职场环境，那就故意把自己的桌子摆得凌乱，假装自己还在加班，然后回家。

如果工作提早做完了，不要急着提交，先休息好再提交。

以上这些方法，绝不是让大家故意偷懒，**而是希望大家能坚持贯彻在充分保证自己的健康状态的前提下推进工作这一原则**。因此，采取以上的方法，目的是控制休息时间和工作时间的平衡。

工作效率低下，大部分是由于睡眠时间和休息时间短缩造成的大脑和身体过于疲惫而导致的。

彻底睡够 7 小时，每隔一小时休息 10~15 分钟，这样能让大脑和身体都处于很好的状态。

我在第一章中提到，建议大家在工作中听音乐，以此来提高工作效率。听音乐不仅能够让我们身体放松，还能帮我们更快地找到自己的工作节奏。

有诸多研究表明，音乐具有能够放松身心、提高免疫功能的作用。但令我感到意外的是，能够活用音乐的人其实并不多。

无论在我就职于企业时，还是在家办公，我都非常喜欢播放音乐。我会使用 Spotify 和 Amazon Music 的音乐传送服务，或将 CD 中的音频文件发送到电脑上，欣赏古典、爵士、J-POP 等类型的音乐。

健康，是人生最极致的快乐

为了保持健康，将身体情况、饮食、工作、压力等所有要素都调整到最佳的状态，当然是不可能的。但是，平常是否有意识地管理健康状况，会为我们的人生带来截然不同的结果。有意识地控制健康状况，同时尽量增加控制手段，为维持健康充分做好准备，这样才能拥有最舒适的生活状态。

我戒了酒，尽量不使用白砂糖，饮食方面也十分谨慎。很多人会问："你这样做，生活还有什么乐趣？"但我认为这样做令我活得很自在，而且非常有乐趣。

这样的生活方式能够让我远离因过度疲劳而导致虚弱的状况，肠胃也始终处于健康状态。因为不饮酒，所以当然也不会出现宿醉现象。我不会再受肥胖困扰，也不会消化不良，更不会有睡眠不足、精神恍惚的情况。

只要体会过这种纯粹的身心舒适感，那么我们当然不会回到不好的生活状态中。

因为不易疲劳，所以比起乘坐出租车或驾驶私家车，我更喜欢搭乘公共交通工具。乘坐公共交通工具，能够增加我在日常生活中的运动量，对我的健康有益。并且，公共交通工具（只要没有遭遇交通事故）基本不会堵车，能更方便我们控制时间，从而减轻出行压力。

坚持更加健康的选择，才能够形成良性循环。

说到底，所谓控制健康，其实就是努力在身体出现问题之前，尽自己所能避免影响健康的不良因素。当然，结果并不是绝对的，尽管尽全力维持健康，也依然有可能罹患重病。即便如此，我们仍然要努力将生病的可能性降到最低。

　　如果人生有一百年的岁月，那么为了舒适且愉快地度过余下的几十年，请从现在开始控制自己的健康状况吧。

第四章

控制人际关系

控制的对象不是他人,而是自己

为了我们自身，以及周围人的幸福，最重要的一点就是控制人际关系。在序章中我已经提到，自身能力对我们的人生所产生的直接影响至多只占1%或2%，剩下的98%都是由各种各样的人际关系，以及其带来的影响所决定的。

人际关系最大的问题就在于控制自己尚且能够做到，但是控制他人就做不到了。试图去控制他人，结局只能是损人不利己。

因此，我们控制的对象并不是他人，而是自己。我们要通过控制自己的语言和思考方式，来控制我们的人际关系。

为了做到这一点，最必要的就是：全力贯彻"利他心"。

其实，这一点无须我多言。在迄今为止的各类宗教布道中，以及多种多样的自我启发类的书中都有相关讨论。人类当然希望自己能获得最幸福的生活。但是，我们无法完全依靠自己得到幸福。所谓幸福，是在人和人的相处中，通过互相帮助才能获得的。

在互相帮助时，我们应该经常思考以下两个问题：

- 怎样做才能亲切地对待并帮助对方呢？
- 怎样做才能和对方保持中长期的良好关系呢？

一个人是好人还是坏人，会根据当时的情况和周围的环境而有所变化。即便如此，只要意识到眼前的人对自己表现出了善意，那么从中长期角度来看，选择珍惜与此人的关系会更有益。因此，越是对周围的人表示善意，身边的好人就会越多，人际关系也会得到良性的发展。

这种做法一般会被认为是一种"付出和回报（give and take）"，但如果你能意识到，不直接索取对方的回报，那么你的人际关系将会更加松弛。

为对方付出，对方没有给自己回报，而是又付出给了别人，然后那个人又付出给了其他人。如果能按照这样的方式轮流付出，请相信总有一天你也会获得回报的。也就是说，我们的人际关系是以这样一个"亲切的连锁反应"为准则的。

只要我们的状态是能够付出的，那就尽力去亲切待人吧。

我将这一准则称之为"GIVE（付出）5次方"，也就是：

"GIVE × GIVE × GIVE × GIVE × GIVE"

我在很多场合都宣传过这一观念，坚持这个行为基本上没有给我带来过麻烦，甚至还为我带来了非常多的好处，令我非常愿意将这个行为坚持下去。

举个简单的例子，如果遇到看起来迷路的人，那就主动告诉对方该如何到达目的地。坚持这种恰到好处的付出，对于我来说就如同家常便饭一般。

顺带一提，怀着这样的利他心亲切待人，从而令自己得到福报，这一规律也是有科学证明的。

据苏格兰有机化学专家大卫·汉密尔顿的研究显示，**待人亲切能够令我们的大脑分泌出感到幸福的激素，心脏和血管也会更强健，衰老的速度也会放缓。**

也就是说，我们亲切待人，不仅能够帮助对方，对自身也有益处，让我们从内心产生幸福感，变得更健康。

实际上，自从我下定决心按照这一准则行动，人际关系就变得超乎寻常的轻松愉快了。我不必再判断什么时候应该对谁亲切，无论对方是怎样的人，只要我自己有余力，我都会尽量善待他。单是这种亲切的态度，就能让我从内心深处褒奖自己。如果我未抱有期待，而对方还对我表达感激之意的话，这种愉悦感就会成倍增加，这当然是超级幸福的事了。

这种亲切待人的心态，本身就能够让自己感到幸福。

我会将自己留意到的一些细节或闪现的灵感写到博客或邮件杂志上，以及书中。我这样做的原因是觉得独享如此有益的信息实在太浪费了。如果能有人看到我的记录并收获新的发现，从而让生活变得更加轻松愉快，我也会感到无比愉悦。

亲切地对待他人，结果并未获得回报，于是因此心生不满、感到郁结，这种情况也很常见。这是因为你只是偶尔亲切待人，偶尔动用自己的劳力付出，所以才会始终念念不忘，在意何时才能得到回报。如果按照和日常刷牙、洗脸一样的感觉去付出，就不会觉得自己做了非常特别的事，也不会在意回报，甚至会忘记自己曾经做过好事。

有些人会担心，如果对各种人都过分亲切，会不会导致自己的好心被一些人恶意利用？遗憾的是，的确会有这种情况发生，所以一旦意识到我可能被这个人恶意利用了，就要立刻切断和此人的关系。没必要亲切对待这种人，只要是让自己感到有负担，就要立刻停止付出。

做到尽量善待他人，事态一般都会向好的方向发展。

这是我在人际关系这方面得出的重大发现，我也相信，这是控制人际关系最简单的方法之一。

辨识"利他性"的能力

实际上，人类的社会属性之所以发展到了其他生物无法企及的程度，唯一且巨大的原因就是"利他性"。

而且，分辨一个人是否具备利他性的能力也会培育更好的适应社会的能力，构建良好的人际关系。这些研究成果，是自然人类学者——名古屋工业大学的小田亮教授——通过大量实验获得的。

小田教授的实验结果显示，人类面对眼前的对象，只从姿势、手势、气氛，就能了解对方的利他性程度。为什么人类会有这样的能力呢？因为倘若没有这种能力的话，我们会无法判断应该和哪些人友好相处，和哪些人保持适当的距离。

也就是说，具备利他性特质的人容易被他人友好对待，也能够在社会中更轻松地生存。有些人走在路上总是会被人问路，我形容他们长着一张"问路脸"。而另一方面，也有人从来都没被人问过路。之所以会出现这种区别，是因为人类会无意识地找出具备利他性特质的人，选中那些有把握能够亲切对待自己的人，向他们问路。

而我们在人际关系中追求的目标，其实就是这种"问路脸"。这类人十分亲切，所以如果和这类人交往的话，人际关系大抵都会很顺利地推进下去。

舒适还是不快

如果将判断对方是否具备利他性，算作与人相处第一阶段的提示，接下来的第二阶段，则要关注和他相处是感到舒适还是不快。关于这一点，人类的反应其实也十分灵敏。

例如，思考邀请哪些人参加聚会时，或思考出游时要和谁同行，我们的脑海中会浮现一些熟悉的面孔。为什么会这样呢？原因很简单，因为和这个人在一起会感到舒适。

反之，一直在说别人坏话，满脑子想的都是自己，待人很不友善的那种人，我们是不会想和他相处的吧。因此，这种人也不会出现在我们头脑中的邀请人员名单里。

我认为，在人际关系中感知舒适还是不快是非常重要的，遵循自己的直接感受，才会让我们的人际关系更加顺利。

然而，如果我们身处公司的人际关系网中，又或者对方和我们是有血缘关系的人，这种时候，就算我们的第二阶段提示警报已经拉响，我们可能还是无法断绝和对方的关系。

其实，我以前也是这样想的。当我还在公司工作的时候，会觉得有些同事的态度属于某种职权骚扰，令人非常不快，但我还是忍耐着和他们共事了很多年。然而，就算我一直假装不在意，身体却无法撒谎。我的长久忍耐最终导致我身患梅尼埃病，耳朵听不见声音了。

这就是无视了我们人类独特且优秀的灵敏提示装置而导致的结果。对于我来说，这个教训真的非常惨痛，我也明白了强迫自己和感到不适的人交往，会极大程度地摧毁身体。

虽然我们能控制的只有自己，但也能凭借自身的判断控制相处对象。既然无法改变对方，那么为了我们的精神健康，在究竟应该和怎样的人相处这一方面，就应该发挥我们的主动性来构筑和他人之间的关系。

乍一看，这好像和我在前文提到的"要保持利他性"有些矛盾，但其实这里面是存在先后顺序的。

处理人际关系的基本原则是面对任何人都先保持利他性，但如果发现对方在利用自己的好意剥削自己，那么就应该立即远离他。

高度利他性的人一旦接受了别人的恩惠，很难不回报对方，他们会立刻思考应该怎样回报对方。而利他性较低的人在这方面会有所欠缺，就算得人恩惠，他们也会觉得这是理所当然的，甚至还会进一步盘算要如何才能再多榨取一些。

家庭暴力和职权骚扰等事件，大多是高利他性的人和低利他性的人组合在一起产生的问题。并且，利他性低的人很擅长用甜言蜜语哄骗对方，而遭受压榨的高利他性者却很难从这个陷阱中挣脱出来。平日里总是被极为严苛地对待，但是对方偶尔表现出一点温柔，高利他性人群就会如抓住救命稻草一般，认为这个人其实是好人。于是变得更加无法离开对方。

但是，在一段人际关系中，一旦感觉有些不适，其实就是我们注意到对方是毫无利他性的人、和对方相处会感到不快等状况。一旦稍有不适感或疑惑，就应该快速冷静地重新审视一下这段关系。

在婚姻关系中出现此类问题时，应该寻求心理咨询，而在其他的关系中,最有效的办法就是选择在物理上和对方拉开一段距离。在职场上似乎很难和同事切断关系,但也应该努力减少接触的次数,哪怕减少一两成也好。

在人际关系中,我们要坦诚接受自己的感情。当感到厌恶和痛苦时,不要忽视这种情绪,应选择尽早处理,防止关系进一步复杂化。**生病后再想解决办法就太迟了,所以应该尽早预防,人际关系也是一样。我们应该充分调动自己的提示装置,以预防为主控制和某些人交往。**

通过对方对约定的态度做判断

除了努力感知是否具备利他性和相处是否愉快之外,还有另一种方法也能够帮助我们做判断,那就是观察对方对约定的态度。

最近几年,我每个月都会主办一两场"狼人杀"游戏。

这个游戏需要约10个人一起玩,通过抽卡片的方式,从参与者中选出3人扮演"狼人"角色,然后大家一起来找出"狼人"。"狼人"们则要掩饰自己的真实身份,谎称自己"不是狼人"。而想要判断狼人的真实身份,并不是通过动作、表情等比较模糊的信息,而是通过观察谁给谁投了票,谁在怀疑谁,谁的发言存在矛盾点等逻辑推断出来的。

我认为，我们日常的人际关系也能运用"狼人杀"的游戏规则来思考。一个人是否可信是可以通过他的行为，比如是否守约、说话时是否存在矛盾等判断的。使用这种判断方法基本不会出错。

例如，赴约的前一日或当日突然取消约定，也就是所谓的"放人鸽子"。第一次出现这种行为，我的脑中就会亮起警惕信号。如果第二次又被"放鸽子"，那我就不要再去主动约他了。

很多人放别人鸽子的说辞是"约好后又被指派了工作"。**但如果优先工作，疏于打理和朋友之间的关系，就会很难积累人际关系这方面的"资产"。**如果我和朋友已经有约在先，即便随后有工作出现，我也会推掉工作，优先选择和朋友的约定。

在"等待"这方面也是一样，如果珍惜对方的宝贵时间，那么就一定会准时赴约。**如果一个人没有准时赴约，那意味着他并没有珍惜对方的时间，或者即便他真的珍惜对方的时间，但却并不擅长做优先排序，也就是说，这个人很难执行"自我控制"。**

同理，我们也要注意那些爱慕虚荣的人和喜欢撒谎的人。

和不正直的人相处，就不得不经常判断这个人说的话究竟是真是假，他究竟是否能遵守约定等，因此会导致相处的成本变得非常高。

我想再度强调一下，我们没有办法控制对方。正因如此，我们才需要观察他人的可信性、诚实度，控制好同对方之间的距离。

- ·遵守约定。
- ·不放人鸽子。
- ·不迟到。
- ·不爱慕虚荣。
- ·不撒谎。

这些看起来似乎都十分理所当然，但是在处理人际关系方面比较得心应手的人能够彻底遵守这些规定。而且这样的人在和人交往的过程中也会表现得十分坦然，不会轻易吐露不满。

如果你感觉自己的人际关系有些不顺，那就先反省自己是否打破了上面的规则。如果你想要和一个能够自觉遵守这些规则的人交往，那么最简单的办法就是自己也遵守这些规则。

我们不能为了维护人际关系而忽略自己真正想做的事，或是压抑自己的情感。因为这样一来，你就会对那些做着你无法忍受之事的人产生愤怒的情绪。面对一个在你看来更受上天眷顾的人，这种愤怒的情感会驱使你拼命去寻找对方的缺点，挖空心思搜寻这个人究竟哪里有缺点、究竟做了什么坏事。因为只有这样做，你才能找回心态上的平衡。

这种面对比自己强的人产生"霸凌情绪"的心态，会逐渐生出歧视的想法，也就是所谓的"憎恶忿恨"，如今的"名人霸凌"就属于这一范畴。比如：一旦新闻报道某位名人出轨，大家就会开始霸凌他。

并且，霸凌或歧视弱势群体，即所谓的"恃强凌弱"，也是当今社会的不良现象之一。现代社会的两级分化现象十分严重，只要能够出色地管理自己的教育、资本、技能等相关资源，就能获得成功。可是一旦落后，就会催生出各种负面结果。而且，日本社会还有一个弊端，就是倾向于让个人承担这种负面结果。由此产生的不满也就更易催生出恃强凌弱的现象了。

人类会产生愤怒、嫉妒的情绪，这十分正常。但是，是否能够控制这种情感，却可以改变我们的人际关系。

控制"怒意"

从很久之前，我就一直在强调控制负面情感的必要性，我给这种行为起了名字，叫"驱除三毒"，其中的三毒为：嫉妒、愤怒、抱怨。

想要彻底消除这三毒是不可能的，正因如此，我们要事先明白谁都有这样的情感，应该努力思考如何控制这种负面情绪。

在控制愤怒这方面，有一种方法叫作"愤怒管理"。这种方法令我受益匪浅。它的主旨是：该生气的时候就生气，不该生气的时候千万不要生气，当遇到一件生气或不生气都可以的事时，就不要生气了。

也就是说，虽然会有某种程度的不愉快，但如果这件事引发的愤怒程度并不高，那么就不必特意发怒了。

其实，这和我在本书中反复强调的"充裕"是相同的概念。我想大家都有过这种感受吧，如果我们处在一个情绪、金钱、时间和体力都有富余的情况下，就算有点火气，也比较容易控制。这是因为我们的怒火都被自己的各方面富余吸收了。反之，如果各个方面并不充裕，我们就很容易因为一些小事而感到焦躁，变得十分易怒。

愤怒和嫉妒非常容易破坏我们的人际关系，所以我们应该尽量控制自己的愤怒和嫉妒。从中长期来看，这种做法很明显能让我们更获益。

那么，我们应该怎样做呢？**首先，我们应该先从得失的角度，理解"愤怒会造成自身的损失"这个概念。**

例如，大家应该都有过和好朋友吵架，或平时常在一起玩的小圈子突然开始孤立自己等经历吧？其实仔细想想，导致这种情况出现的原因，大部分是受愤怒和嫉妒驱使，采取了冷静状态下绝不会出现的行为或发言。

被负面情感左右，会导致我们丧失和相处对象之间的愉快时光，可以说是损失巨大。回顾这类经历时，我们会发现，其实一直以来都是我们自己主动选择受损。大家都不希望遭受损失，所以要努力让自己尽量避免身陷那种不得不发火的境况中，这样就能摆脱愤怒的支配，从而也能够控制自身的情绪。

但是，如果你明显遭受了不合理的对待，或者自身权利已经遭受侵害，那就请尽情地愤怒吧！正如我在前文中提到的，愤怒管理中尤为重要的一点就是控制自己的"怒意"。我们应该尽量避免陷入愤怒的境地，但倘若身处无论如何都必须愤怒的情况中，就应该尽情地愤怒。如果直接发火会导致"火上浇油"，那就去寻找一个中介来传递怒火吧。

控制"妒意"

和愤怒相同，当我们羡慕他人，紧盯着自己和对方的成绩差距时，就容易产生嫉妒的情绪。

但是，那些比我们优秀的人，往往都是在拥有更出色的天赋和优越的环境的基础上，加倍努力，才获得了好成绩。

只关注对方展露出来的部分，并对其心生妒意，这对我们

毫无益处。

　　与其嫉妒他人，不如分析会产生这种差距的原因，如果其中存在能够通过努力改变的部分，就努力去弥补。如果有些部分实在无法通过自身努力改变，那就不必再在意了。并且，边行动边思考该用什么方法改变落后的状态，这对于我们来说才更有收获。

　　而且，这样做更能帮助我们理解嫉妒的对象，并逐渐消除负面情绪。

　　也就是说，之所以会产生嫉妒的情绪，就是因为我们不够了解我们嫉妒的对象。例如：倘若是我们很熟悉的朋友获得了成功，由于我们非常了解这个人的人品、思维方式、努力程度，他的成功只会让我们感动且佩服，并不会产生嫉妒的情绪。

　　因此，如果存在一个令你感到嫉妒的对象，那就坚持学习，以这个人为目标，提升自己的能力。

　　顺带一提，我在三十多岁的时候，羡慕的是那位写出超级畅销书《卖竹竿的小贩为什么不会倒？》的作者——注册会计师山田真哉先生。当时我读到这本书，非常想学习他的创作方法，所以一口气花14万日元购买了有山田老师出场授课的畅销作家养成CD全集。在这10张CD中，山田老师出场的只是其中一张而已，但是这套CD不拆开出售，所以我只好全部购买。这一整套CD的售价十分高昂，但是当我聆听CD，从中得知山田老师在前期积累阶段为了卖书付出了大量努力，不由得感到大开眼界。他每天会在背包里装十几本自己的著作以方便推销，出版初期还会用稿酬为书争取报纸上的广告位。付出了无数努力之后，最终的成果便是这本《卖竹竿的小贩为什么不会倒？》成为超级畅销书。

在那之后，我也写过几本《钱不要存银行》这样的畅销书。但是我没有付出山田老师那种程度的努力，所以也没有获得山田老师那样的成绩。

如果我只是嫉妒成为畅销书作家的山田老师，那真是太浪费学习机会了。

如果产生了"嫉妒""羡慕"的情绪，那请将其当作是提升自我的机会，尽自己所能向我们嫉妒的对象多多学习吧。

"分享快乐"也是一种友好表现

在我周围，有一些朋友拥有数十亿、数百亿，甚至数千亿资产。这些人有一个共同之处，他们看待人际关系的态度就如同资产一般，能够巧妙地加以处理并不断积累。因此，他们会对他人展现出极度亲切的态度。每当我有事相求，反而是受拜托的一方表现得极度尽力，甚至到了令我感到有些愧疚的程度。可以说，他们的服务精神令人震惊。

因此，我们很容易就能想象得到，如果用这样的态度经营自己的事业，则能够获得客户极大的信赖。

他们正是那种令人感到羡慕的人。我在前面提到过的"尽自己最大的可能，对他人友好亲切"的这种认知，也是从这些超级有钱的朋友那里学到的。

而且，这些超级友好的有钱朋友们还有一点非常厉害，那就是十分擅长引荐自己的朋友互相认识。正因如此，他们才能将朋友这种"资产"像滚雪球般越滚越大，并且他们自身的事业也会不断地向更好的方向前进。

我从这些朋友那里学到并付诸实践的一种做法，是以会员制的方式，邀请大家来我租借的一艘共享游轮中做客。

我加入了一个共享船舶的俱乐部，在该俱乐部中，100人能共享约10艘左右的各式船只。除非某些日期预约人数太过集中，否则基本上都能预约到理想的日期和游艇或船舶。

比起独自一人驾船出海，还是一大群人一起在海上游玩更开心。我会邀请约15位朋友一同乘船，一起出海航行，并进行一些海上的运动项目。

说到邀请成员，我认为只邀请自己的朋友来船上游玩的话就太封闭了，我会请自己的几位朋友再带几名他们的朋友。这样一来，朋友圈的范围就会进一步扩大，也能构建新的人际关系网。

进一步讲，看到在船上初次见面的人相处融洽，成为新朋友，也会令我感到非常开心。

请大家务必尝试一下这种能够与陌生人相识的构建人际网

活动吧。

人数越多，人际关系就会变得越好

我主办了一个线上沙龙，叫作"胜间塾"。我认为，胜间塾也是一种以积累人脉关系为目的的社群组织。用一对一或是一对二的这种人数较少的方式维持人际关系是很吃力的，以团体来维系人际关系则会有显著的不同。在交际方面，这种形态也能够让很多人构建起新的关系网，更有利于长期维系关系。

社交网络出现后，技术层面上能够让我维持和缓、广泛的人际关系形态。这种和缓、广泛的联结使得人们自身的缺陷也变得不那么明显，从而更方便我们控制自己的怒意和妒意。

如果和他人接触过于频繁，距离太近，就极容易产生冲突，纠缠不清。

此外，一对一交往，遭遇压榨或欺凌的可能性会高出很多。但是在数十人的团体之中，人们彼此之间都会互相观察，言语行为明显有利己倾向的人会格外明显，所以自然会被大家驱赶出团体之外。

从这一点看来，应该创造一个能够遵循前文中提到的：

·遵守约定。

·要尽量亲切友好地对待他人。

这两条原则的团体。只要身处这样的团体之中，我们就不会有人际关系方面的烦恼。

亲切是一种连锁反应

说到这种亲切友好的连锁反应的优点，那就是当我们被他人善待，我们自然也会产生想要亲切待人的想法。这一概念被称为"爱心传递"，甚至有电影作品使用这一概念作为片名。①

如果能将这种亲切的连锁反应带到团体或社群中去，那么亲切待人就会成为一种规范。

同样的，待人冷漠、伤害他人情感、故意陷害他人等由负面想法支配的行为，也会构成负面的连锁反应。

正因如此，**如何区分识别那些具备亲切连锁的群体是非常重要的**。这种重要性不仅体现在朋友关系上，在家庭、职场中也是同理。

网络给予我们的最大馈赠，就是即便相距千里，存在时差的情况下，也能够及时和他人交流。

在网络出现前，我们只能和身边的人交际，否则就无法构筑人际关系。而网络出现后，无论地域和年龄，只要拥有相同

---

① 电影《让爱传出去》(即《*Pay It Forward*》，2000 年上映)。

的兴趣爱好，就可以形成一种淡然又广泛的交际关系。

正如我在前文提到的那样，希思兄弟在著作《决断力》中说道：为了做出一个更加良好的决定，最为重要的第一步，就是拥有丰富且多样的选项。

根据交往的对象不同，我们可以成为好人，也可以成为坏人。因此，平时应多结交那些会让我们变成好人的朋友，这样我们的人际关系也会变好。道理就是如此简单。

在互联网出现之前，我们很难找到志趣和脾气秉性相投的人并与之成为朋友。

但在当今社会，我们已经不必再勉强自己去和性格不合的、感到不快的人交往了。平时多和趣味相投、相处起来十分愉快的人接触，我们自己也能因此变得更加优秀。接下来要做的，就是实践这个方法了。

运用社交网站构筑人际关系网

虽然我们无法改变对方，但是我们能够改变所处的环境和自身行为。这一点我已经反复强调很多遍了。

已经改变的部分，也会不断促使我们继续改变。如果加入有这种亲切连锁的团体，我们自己也会受其影响，变得能够和善待人、不易怒。

我们可以运用网络寻找这类团体，而我本人为建立各类的人际关系所使用的方法，是长期坚持写博客和邮件杂志。

我为什么要付出如此多的努力坚持写文章呢？这是因为只是写完并不是完成，我还希望通过这些文字获得各种交流机会，并获得一些来自他人的真实反馈。只有获得真实的反馈，我才能够确认自己和对方建立起了联系。

人类天生拥有同他人产生联系、成为朋友的欲望。

然而，现代社会中每个人的生活方式都不相同，很难保持和他人经常交流的状态。其实，和学生时代的朋友只能做到每年互寄一张贺年卡的程度……这种情况十分常见。

然而，在通勤时间、用餐时间，或者睡前的空余时间，刷一刷社交网站，通过访问对方的博客了解对方的近况，这样可以在不占用对方时间的情况下完成彼此的交流。

通过写文章，筑起新的人际关系网

我会在博客和邮件杂志上写一些文章，并将文章发送给很多人。常有人问我："每天写文章不会很辛苦吗？"其实我丝毫不会感到辛苦。甚至在体会到写文章的乐趣之后，要是有一天没写，反而会感到浑身难受。

随着各种科技进步，我们的生命长度已经可以按100年来计算了，而到100岁都能愉悦身心的技能之一，就是写文章。

并且，写文章这种行为，也能够大幅改善我们的人际关系。

写文章有很多好处，但令我感到有些意外的是，有很多人没有注意到文章能够让人完全忽视一个人的容貌、年龄、性别等外在条件。

无论身处何种立场的人，都能够中立、平等地写文章，而阅读这些文章的人，也不会摆出卑躬屈膝或高人一等的态度。

日常生活中接收各种信息是非常重要的，而我非常希望大家能够成为发出信息的一方。

我希望大家能够通过某种形式尝试发出信息，即便发出信息的量只占你接受信息总量的十分之一也可。但你的行动，说不定会为下个时代的人们提供良好的帮助。

我们曾经活着的证明，可以通过各种形式留存于后世，其中之一就是书写。无论从事何种工作，身处何种立场，我们都必须要做的事就是写文章。

写博客的话，一开始可能不太会有人关注。即便如此，也应该坚持发出信息，不断通过文字表达自己的想法。在这个过程中，一定会向外界传递一些信息。

而且，当今的网络技术能够快速检索信息，有人在检索过程中可能就会看到你的博客。这可能也会为你构筑新的人际关系。

这其实也是结识陌生人的一种"联网活动"。

我希望大家都能够体会将自己的心情和想法写成文章的这种快乐，以及通过公开这些文章，和他人构筑新的人际关系并从中获得更多的快乐。

你可以通过邮件等方式给社群投稿，也可以在社交网站或博客发表文章……

分享自己掌握的信息，表达自己的感谢之情，或是和团队的其他成员交流，共同进步，这些都能够写成文章。

请大家在构筑自己的人际关系时，也务必活用写文章这个行动。

第五章

控制家务

工作的目的是令生活充实

如何合理安排家务？关于这一问题，我曾在的《胜间式超逻辑家务》中讲得非常详细了。在本书中，我将着重介绍思考方式以及策略这一部分。

迄今为止，家务都极大程度地左右着我们的幸福程度，但相对地，家务的内容及地位却又很容易被忽视。

当我20岁出头，还处于十分讨厌做家务的年纪时，很难说自己是幸福的，因为当时的我无法控制家务。现在想想，当时处理家务的效率极低，一边工作一边育儿的生活令我苦不堪言。

后来到了30岁左右时，经济方面略有富余，我就将家务外包出去了。那时候别说控制了，我根本彻底放弃了做家务。结果家中各种杂物多得快要溢出家门，屋中十分脏乱。而且，家政人员上门打扫并不会随意丢掉家中物品。因此，在清扫之后依旧会有很多东西盘踞在房间里。再加上，家政做的饭菜并不合口味，家人们也总会剩饭。

但是，到了40岁，我突然下决心"断舍离"，充满斗志地开始整理房间。如此一来，我心中控制家务的开关就彻底开启了。我用投身工作一般的热情控制家务，努力整理家中杂物，做饭，清扫，同时彻底实践能够高效完成家务的事项。由此，我的人生变得幸福了很多。

之所以控制家务会让我们感到幸福，是因为在我们的日常生活中，是否住在一个整洁的房子中，是否能吃到热腾腾、香喷喷的饭菜，每天是否穿着干净整洁的衣服，这些能够决定着我们人生一半的幸福程度。

为了维持自己的生活，我们要服从社会分工，做好各自的工作。然而不知从何时起，工作反而成了更被优先考虑的事，从而怠慢了自己的生活。

我们工作的最终目的还是为了生活能够更加充实丰富。也是为了生活，人类社会才会生产商品，提供服务。

也就是说，工作本身不是目的，运用工作中创造的商品和服务丰富我们的生活，让我们变得幸福，这才是目的。

而其中最为重要的一个环节，就是控制家务。

当天的家务当天完成

为什么我们无法很好地控制家务呢？我认为问题主要出在资源分配上。

我一整日居家办公的话，家务安排如下：

- 使用 3 次洗碗机。
- 使用 2 次洗衣机。
- 开启 2 次扫地机器人和拖地机器人。

这就是我做家务的频率。

在这样的频率下，遗漏的家务会比较少，能够保证水槽和洗碗机里没有使用过的餐具，室内也十分整洁干净。因为我一般都是在早上使用烹饪类的家电做好一日三餐，所以我每天只会在厨房做一次饭。

我们家的成员有我、女儿和伴侣三人，再加上两只猫。如果人数再增加的话，做家务的频率肯定还要更高。目前，一天用三次洗碗机、洗衣机、扫除机器差不多就足够日常家务。

我们家的洗碗机、洗衣机、扫除机器，以及烹饪家电都选用了全自动的新型机器，所以需要实际动手做的家务也就各占 5 分钟左右。试想这些工作如果全部手动完成的话，需要花费的时间则会多得惊人。

也就是说，**控制家务最重要的一点是要养成每天打扫并清洗餐具和衣物的习惯，要基本达到下意识的程度，尽量令家务内容合理化**。并且，在当天做完这些家务，这一点也很重要。

关于扫除的"控制"

我会把三台扫地机器人设置成每晚 11 点开始打扫,所以它们会在我们一家人进入梦乡之时,就完成清扫地面的工作。我的任务就只有帮迷路的机器人回到充电桩,或者每周清理几次扫地机器人的垃圾盒。

这种程度的家务,其实已经属于下意识的程度了。

有不少人会指出:使用扫地机器人也太奢侈了吧。这一点其实我早就在很多场合都提到过,旧款扫地机器人的价格不会过于高昂,差不多只需要 3~4 万日元。扫地机器人的电池寿命约为 6 年,也就是说,6 年间每天使用它清扫地面,平均每天只需花费 14 日元就能完成数小时的清扫。3 台加起来也就只需要花费 42 日元。

相比之下,把我们自己的时间用在扫除上,可是相当不划算。

我们家租赁的是一户较为年久的房子,高低落差较大,所以需要 3 台扫地机器人。如果家中没有高低落差的话,一台机器就足够了。

总而言之,控制家务需要做到每天都能花一些时间扫扫灰尘,并整理家中杂物的程度。

例如：每天都扔垃圾，收到快递后立即拆开，将快递盒拆解并按照垃圾分类扔掉。总之，当天出现的家务，请在当天完成。

想着以后再做并试图拖延，这是造成家中越来越脏乱的主要原因。

为了保持家中整洁，一定要尽全力避免养成随意摆放物品的习惯，做到这一点，就绝不可能发生必须要彻底大扫除的麻烦局面了。

我常听人说："我能控制自己及时做家务，但是我控制不了家人呀。"倘若出现这种情况，那就制定一个家人弄乱东西的范围仅限于他们自己的房间，客厅、厨房等公共空间不可以弄乱东西的规矩吧。也就是说，儿童房就算再凌乱也不用实时整理，就随它去吧。

我们要在自身的能力范围内提高控制力。

质疑"花费精力"的必要性

使用最新家电，能够让我们在做家务这方面保持下意识就能完成的习惯。

比起积累到一定程度再做，家务这方面还是应该当日事当日毕。

此外，控制家务方面还有一个要点，那就是在面对一件的又一件家务事时，应该坚持思考真的有必要做这件事吗？为了让这件事变得不再必要，该如何做才好呢？

这样在家务上花费的时间和精力会逐渐减少，我们也越来越能够享受做家务的乐趣了。

停止思考，其实会让做家务变得困难。

接下来，我要列举一些我们认为很有必要，但实际上没有也完全没影响，甚至没有之后反而会提高效率的东西。

洗衣网

我不会把羊毛制品或需要精细洗涤的衣物放入洗衣网中，而是直接放进洗衣机清洗。因为我觉得洗衣网用起来很麻烦，还会因为它导致迟迟不想洗衣服。

或许这会让很多人感到奇怪，其实我们之所以会用洗衣网，是因为老式的洗衣机无法调节转动次数和强度，这样无法清洗材质特殊的衣服。现在最新型号的洗衣机已经能够直接清洗女性的内衣和丝袜了，只要把衣物放入洗衣机，选择轻柔模式就完全没问题。

但是，如果把每件衣物分别放入洗衣网，洗完之后再从洗衣网中拿出来，用衣架挂起来，这样做实在太浪费时间了，很难做到及时清洗衣物。这样积攒起来，衣服上的污渍会很难洗掉，而且还会促使我们购买大量的衣服填补没衣服穿的空缺，为衣柜带去负担，等等。恶性循环就是这样产生的。

浴室中的置物台、椅子、洗脸盆

家中清扫起来最麻烦的地方就是浴室了。而在浴室中摆放置物台、椅子、洗脸盆等物品会导致非常容易出现难擦除的水垢，所以从一开始就干脆不要放置这些东西，因为完全没必要花费时间清理它们。

每天，最后一个使用浴室的人在走出浴室前简单用刷子清理一下地面和浴缸即可。不用特意使用清洁剂也能将浴室打扫得很干净。如此一来，也能非常轻松地完成每天的清扫工作。

收纳用品

很多人都对收纳问题感到十分头疼，但是说到底，物品少，烦恼也会相应变少，也正是因为买回家的东西多到无法收纳，所以才会头疼。不如制定一个规则，将所有物品的数量控制在有限的收纳空间内，并努力遵守。尝试一段时间后，你会发现家里的物品少了很多。而且并不会因为少了某样东西而感到困扰，反而心情舒畅了起来。基本上一整年没用过的东西就算扔了，也并不会造成什么麻烦。

特意在网上或商店买一些收纳箱，最终其实也只是收纳一些并不需要的东西罢了。

在实体店买到的东西

无论食物、生活杂物还是服装，我基本都是在网上购买的。原因之一是这样会留下购买记录。我经常提到 PDCA 循环，如果没有留下记录，也无法查阅明细。在什么时候，买了多少，是否有用……当想要核查商品的这些信息时，购买记录就十分必要了。

此外，从成本方面来看，理论上也很难出现比网络店铺更便宜的实体店铺。在人力以及店铺租赁方面，显然网络店铺的成本要少得多。还有一个原因，就是电商上同类别的店铺之间也会互相竞争、淘汰，最后胜出的必然是性价比最高的物品。而且，网络购物基本是不会处理现金的，所以成本也很低，价格也就相应地更加便宜了。

网络购物的优势，还体现在时间和劳动力上的节约上。逃离物理层面的制约是非常幸福的，一旦体验过一次，真的很难再回到实体店购物的模式中了。比起搭乘地铁和公交去买东西，请快递员送货到家明显更方便。而且选择网络购物之后，我们不必去实体店购买商品，这从整体的能源节约角度来说也是有益的。

怎么样？要不要尝试将以上列举的东西从生活中去掉呢？我想试过一次后大家就会明白，其实没有它们也并不会造成不便，而且你马上就会习惯没有它们的生活。甚至没有它们会让你感到更加轻松，根本不想再回到原状。

我对"网购"的态度

我想和大家进一步谈一下网上购物的方法。

我的网购方法其实非常简单，总之就是尽最可能在网络商店购买从电子产品到生鲜食品的一切商品。

我家的厨房放置了一台微软视窗系统的电脑和一台安卓系统的平板，它们是专门用来购物的。只要一注意到有需要购买的物品，我就会当场上网购买。这样也就减少了忘买东西的事态发生。突发急需，高价去附近商店购买物品的情况也逐渐变少了，还有一点好处是避免了囤货。

网络购物好处在于：能够看到过往的购物记录，出现问题的时候，致电客服也基本能够得到解决。此外，用指定时间段收货的方式来代替线下购买的行为，能够帮助我们避免在购物上浪费时间。

不单是购物，其实出于任何目的的交通时间，都会相对降低我们人生的幸福度。我在第一章讨论工作这个主题的时候就告诉过大家，我们只是不断奔波而已，但误以为自己在做事，从而产生一种强烈的正在努力的感觉。实际上，在乘坐交通工具时能做的事是非常少的。

在当今这样一个快递行业已经能够做到精细化配送的时代，

快递人员可以从超市以及仓库统一取货，再分别配送到各家各户。这种方式比我们自己在各处分批购入要高效得多。

顺带一提，有些人会觉得网络购物不太方便。但是，感到不便是不是因为你是使用智能手机来网购的呢？**市面上主流的智能手机大多只有 5~6 英寸，对于网上购物来说，这个尺寸的屏幕能够呈现出来的商品信息量实在太少了，所以感到不方便也是很正常的。**

至少也要在 8~10 英寸的平板电脑上，或是约 13 英寸大小的笔记本电脑，最好是自带显示器的 21 英寸以上的电脑上操作，这样会大大地提高便捷性。

此外，也有一种情况是：重新调整了一下自家的网络，于是突然体会到了购物乐趣。如果你家中使用的是无线网络，可以借助路由器，使 50~100MBps 传输速度的网络能够覆盖整个房间，这样就不会再有任何不便了。

讲到这里，我需要提醒大家关注一下手机的网络。有时在家中，手机的网络没有设定成自动连接家庭无线网络，这样的话手机费用就会高得吓人。难得通过网购买到了价格低廉的物品，这样一来不就浪费了吗？所以请大家一定要检查一下网络设置。

正如我在前文所说的，从日用品到食物，乃至服装，我几乎会在网络上购买一切所需的东西。比起实体店，网上出售的商品的品质更优良，价格也更便宜。在网络商店能够一次性浏览高达数十万种的服装，一旦习惯了网购，即便是去逛百货商店或"奥莱"购物中心，我也会觉得商品款式好少啊。

此外，有些人会因无法试穿而不放心网购。但其实网上的服饰专卖店会具体测量每件衣服的各个部分的尺寸，并且在网页上标注得十分清晰，这样其实要比一件一件试穿的效率更高。

而且我在第二章中也提到过，**如果想要提高生活中对于购物以及其他支出的控制能力，方法之一就是尽量不要用现金。**主要原因就在于使用现金很难留下账单明细。

网络购物大部分使用信用卡付款，电商平台和信用卡公司都会留下记录。请一定记得检查购物记录，养成经常检查是否有浪费的情况。

只要尝试过这个方法，你就会发现此前一直在做的很多事情，其实是非常麻烦，也很花费时间的。

智能音箱和私人秘书同等重要

我去年开始在家中使用一种能令生活更加方便的物品——智能音箱。

有了智能音箱之后，我能够通过声音控制家中的所有杂事。

我家使用的智能音箱是"谷歌 Home"。这个产品实在是太好用了，所以我不仅给每个房间都配置了一台，甚至还在车里也放了一台。

还没用过这种产品的人，可能还不清楚可以在怎样的场景使用智能音箱。那么我就以自家为例，为大家介绍一下主要会在什么时候使用这个设备吧。

1. 设定计时器和闹钟

习惯做饭的人，会经常用到计时器。我连泡茶的时候都会使用计时器设定最佳冲泡时间。但是，我们在做饭时手上经常会沾有食材的碎屑，不方便操作厨房计时器和手机计时功能。

遇到这种情况时，只要对着智能音箱说："OK，谷歌，计时 5 分钟。"

然后计时器就会自动开始计时。

同样的，想要设定闹钟时，可以说一句："OK，谷歌，定一个 7:30 的闹钟。"

仅此而已。

比如，如果想知道时间，但是又正好处于不方便看到钟表的位置时，直接说："OK，谷歌，现在几点？"

这样其实要比特意跑去看表快得多。

2. 查找信息

至今为止，每当我想查信息的时候，一直都是用智能手机来操作的。但如果找不到手机，还要在包里翻找，还要解锁手机……这些操作其实都很花时间，而且实际查找信息的时候也会觉得很麻烦。现在，我脑中一出现想要查询的信息，就会马上对智能音箱说："OK，谷歌，请播放给猫咪剪指甲的视频。"

智能音箱就会通过电视棒与电视屏幕连接，自动打开电视的电源，搜查相关视频，在电视屏幕上播放。

此外，当想要知道实时新闻和天气预报时，我也都会直接询问智能音箱，请它告诉我想要知道的信息。

3. 播放音乐

我在工作和准备三餐时经常会想听些音乐。现在只要说一声："OK，谷歌，播放德彪西。"

它就会直接打开我注册的音乐平台，从中找出德彪西的音乐，并自动播放。和设定计时器一样，即便我双手不便操作，也能立即听到音乐。

4. 开车时的各种操作

因开车时使用手机所造成的交通事故日渐增多，接下来日本的交通法也会严厉惩罚行驶中使用手机的行为。

话虽如此，但是在开车的时候经常会想听音乐或新闻，或者想查查路线吧？所以我强烈推荐大家尝试在车里放置一台智能音箱。

我在车中放置的是一台谷歌 Home 的小型音箱"谷歌 Home mini"。而且我还将电视棒通过 HDMI 连接到了车内的立体声装置上，并连上了无线网络。

这样一来，就能极大程度提升便捷性。除了播放音乐之外，智能音箱还能用来搜索目的地、天气、新闻，也可以收听录入谷歌日历的日程表。

在开车时全程无需动手操作，这真的很方便。而且最重要的是这样做也更安全，所以我非常推荐。

综上，家中相当一部分杂事都能够通过谷歌Home的协助来解决，使用谷歌Home可以说是为自己找了一位优秀的秘书。

除了谷歌Home外，智能音箱还有"Amazon echo""LINE clover"等品牌。我试用了市面上大部分的智能音箱后，彻底喜欢上了谷歌Home，因为它在声音识别方面的性能异常优秀。

其实安卓系统和苹果手机的Siri都能够识别声音，但是在使用手机或平板电脑时需要逐一说明指令，而且还不一定能够立即启动。但是谷歌Home却不一样，下达一个大致的指令它就能识别并启动，非常方便。

原因就在于，它本身不附带其他操作终端，比如键盘或一些指令按钮，所以该产品在开发方面会将全部精力都放在声音指令识别功能的优化上。

其实Amazon echo也能做很多事，但是它在声音识别方面并不及谷歌Home优秀，而且如果不安装专门的软件的话，很多功能都无法使用，我感觉有些麻烦，所以干脆全部统一使用谷歌 Home 了。

在家中，需要管理的事务简直如山一般多，甚至可以说是接近无限多。而想要依靠自己掌握无限多的家务，这是不可能的。

我们应该思考如何灵活运用科技，这样才能高效且显著地节省我们的精力。

使用无火烹饪，食物会更好吃

接下来，我要讲的就是家务中最大的难题——烹饪。

关于烹饪，我已经在《胜间式超逻辑家务》和《胜间式饮食捷径》中讲得非常详细了，所以我在本节中给大家介绍一些精华部分。

首先我想强调一点：烹饪和家庭美满，身体健康，生活幸福等方面有很大关系。

实际上，在至今为止我介绍的家务、家计相关技巧中，大多数人反馈能够生产生巨变的正是"逻辑烹饪法"。

"逻辑烹饪法"是具备很多优点的烹饪方法：

·活用厨房家电。

·能够极大程度节省时间，甚至可以完全放置不管。

·毫无疑问，十分美味。

想要实践这种逻辑烹饪法，首先必须要做到的一点是：彻底摆脱原有的烹饪方法。

具体实践方法如下：

·不使用明火。

·不使用常规的炒锅。

·不使用常规的平底锅。

之所以这样做，原因就在火候的控制上。

在使用炒锅或平底锅做菜时，我们能做的只是调节火候大小罢了。可是，家用瓦斯这种程度的火候，几乎无法为食材提供最适宜的温度和时间。而且在整个烹饪过程中还要一直关注火候，不能离开。

而最新的厨用家电能够为我们提供强有力的帮助。

例如，我目前正在忙于创作本书，无暇制作晚饭。我今天的晚饭就是我十几岁的女儿做的清炖牛肉，以及我做的法棍（我本人是不会烹饪动物食材的，但是我并不会要求女儿和我一样）。牛肉和法棍的口感，可以说完全不逊于一流酒店的水平。

最新厨房家电完全能够复刻一流酒店的主厨在烹饪时所作

的一切，而我们就只需按下一个按钮即可。

例如，女儿在做清炖牛肉时，使用的是夏普的无水电蒸锅，只需要将食材放进锅内，然后按下"清炖牛肉"按键，便可完成。只是按下一个按键，毫无烹饪经验的人也能做出十分美味的清炖牛肉。

为什么用无水电蒸锅做出来的饭菜，要比需要明火加热的锅做出来的更好吃呢？这是因为无水电蒸锅不会接触多余的氧气，盖上锅盖之后，还能够自动翻搅。这样一来，蔬菜和肉类都不会出现氧化现象，味道也不会变差。

与此同时，**它不仅能将温度保持在最适宜做出美味菜肴的标准，而且可以完全实现自动烹饪，不需要看管。**

烤法棍的时候，我使用的是松下的家用面包机。

先在机器上选择"法棍预加工"，制作烘烤用的面团，发酵的工作就交给家用面包机或微波烤炉处理，最后再用其法棍制作程序进行烘烤，这样做出来的面包就会和专业面包店的一样好吃了。

面团一旦接触到氧气，口感就会逐渐开始劣化，但前面提到的制作方式全部都是在机器里面运作的，所以无须担心接触氧气的问题。调整最适宜发酵的温度，这也是由机器完成的，所以也不会出错。烘烤过程中，这款锅附带的"水蒸烘烤"功能会自动添加水分，烤出外层酥脆、内里绵软的效果。

我觉得，用这种方式烘烤出来的法棍，是我目前为止吃到的所有法棍中最美味的一种。事实上，我用这种法棍招待来家做客的朋友时，大家的反应都是这个面包真好吃啊，还能再来一份吗？争先恐后请求再加一份。

我曾在前文中提到，随着科技的进步，人们已经基本没必要去实体店买东西了。烹饪也是一样，以**当今技术的发达程度，我们已经没有必要用明火加工食物了。**

使用洗衣机清洗衣物，显然要比用搓衣板洗得更干净，人类必须花费的劳动力也会显著地减少。同样，把烹饪交给厨房家电来处理，这样不仅做出来的饭菜美味，还能大幅节约时间。

进一步说，在这样一个厨房家电的温度控制已如此发达的时代，不使用它们，就好比不乘坐新干线和飞机，特意徒步从东京去大阪一样。

能让菜品百分百可口的用盐法则

为了让菜品更可口，请不要依靠自己的感觉，而是应该借助科技手段，将加热的温度控制在最适宜的程度。同样的，添加调料时也需要控制。话虽如此，但还是有很多人完全依靠自己的经验和第六感烹饪。

如今高度准确的厨房秤差不多2000日元就能买到，我推荐大家使用这种机器来调味。

调味的关键,就在于盐分。

能够使人感到美味的盐分含量是有一定标准的,需要将盐分控制在菜品总量的 0.6%~0.8%。低于这个值,我们会感觉寡淡,高于这个值,则会感觉太咸。

既然如此,只要从一开始就称好食材的总重量,再根据总重,按 0.1 克单位的比例添加,任何人都能做出一道美味的菜品。

运用"美味用盐法则"后,无论任何菜都会变得非常美味,所以菜谱也都可以扔掉了。

顺带一提,需要计算的时候,我会使用智能音箱。如果你家中没有智能音箱,那就使用苹果手机的 siri 或者安卓手机的谷歌 Home 程序发出指令吧。

没有时间翻阅食谱或上网搜索时,这样做可以确保做出来的饭菜足够美味。只要使用的是优质的盐和酱油等调味料,想做得难吃都很困难。

我虽是个"控制狂",但却并不企图控制一切。比如,如果有关键性要素能够决定菜品的味道,那么只需要掌握关键的部分即可。

可以说,只要满足这些条件即可:使用优质调味料,按照美味盐分添加法则,严格遵守 0.6%~0.8% 的比例。

美味盐的法则

针对食材的总量,添加
0.6%~0.8%

※ 根据"口味较淡,添加 0.6%""米饭的配菜,添加 0.8%"的标准来调整

最初可能会感到这类计算有些麻烦,但在每日的烹饪时会逐渐适应。

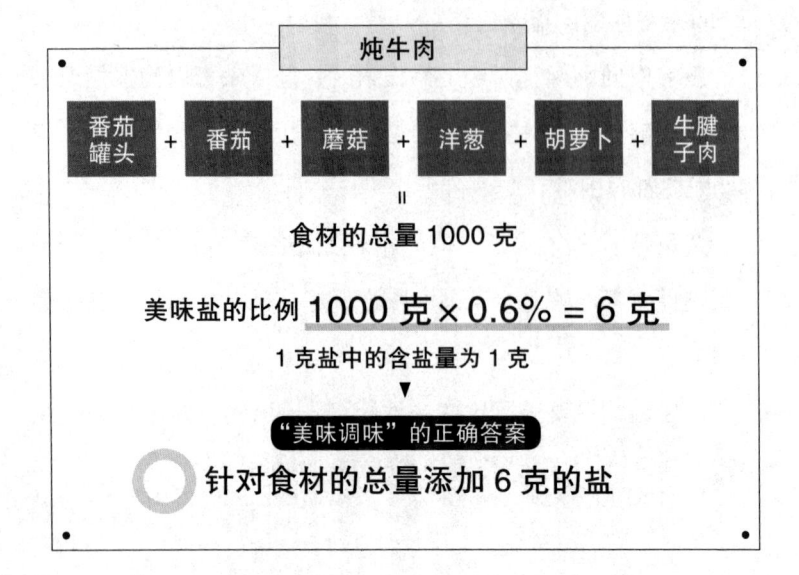

炖牛肉

番茄罐头 + 番茄 + 蘑菇 + 洋葱 + 胡萝卜 + 牛腱子肉

=

食材的总量 1000 克

美味盐的比例 1000 克 × 0.6% = 6 克

1 克盐中的含盐量为 1 克

▼

"美味调味"的正确答案

○ 针对食材的总量添加 6 克的盐

焖饭

大米 + 适量的水 + 油炸豆皮 + 胡萝卜丝 + 鸡胸肉块
= 食材总量 1000 克

美味盐的比例 **1000 克 ×0.6% = 6 克**

想做成酱油口味，检查食品包装的"含盐量"
如标明"100 克约含盐 16 克"
美味盐分量 6 克 ÷（16 克 ÷100 克）= 37.5 克

▼

"美味调味"的正确答案

○ 针对食材的总量，需添加 37.5 克的酱油

味噌汤

味噌 + 海带 + 适量的水 = 食材总量 1000 克

美味盐的比例 **1000 克 ×0.6% = 6 克**

检查味噌的商品包装的"等同食盐量"
"100 克等于 10 克盐"
美味盐分量 6 克 ÷（10 克 ÷100 克）= 60 克

▼

"美味调味"的正确答案

○ 针对食材的总量，添加 60 克的味噌

接下来，只需交给值得信赖的最新厨房电器即可，如此一来，大部分烹饪相关的难题都能得到解决。

用最简单的方式品尝健康美味的食物

我之所以不喜欢外食或便利店的食物，是因为我觉得这样会使自己丧失对饮食的控制权。

首先，我无法控制菜品的味道。其次，我也无法控制食材和盐分。而且在现代人的生活中，谷物的价格是最低的，所以如果选择外食，大部分餐馆的菜单都是以谷物为主。稍不留意，就会出现碳水摄入超标，而蛋白质和维生素摄入不足的情况。

对于我这样一个味觉敏感的人，无法控制味道的感觉是非常糟糕的，而且碳水摄入过多也不利于健康。

从这个角度来看，如果能够在家吃到健康的食物，那么在外食上的支出也会减少，我也能毫不犹豫地邀请朋友来家里用餐了。

我会保持每个月1~2次，邀请亲密的友人来家中聚餐，一同品尝我做的饭菜。大家都会发自内心地夸赞"真好吃"，也会不断请我再给他们添饭。看着朋友们吃得高兴，我也感到非常幸福。我不太相信真好吃这句话，但是我非常相信再来一碗的实际行动。

而且这些美味菜肴与其说出自我手，不如说是调味料和厨房电器的功劳。从结果来看，只要能够成功控制调味料和火候，就可以制作美味的菜品。

从这一角度来看，我完美掌握了美味烹饪的技术。

鼓励自己主动尝试

为了让烹饪更加舒心，我会频繁更换食材种类，尤其会定期购买一些分量较大的蔬菜。因此，我经常使用亚马逊生鲜服务。并且，为了能让厨房的地面时刻保持干净整洁，我也经常使用扫地机器人和拖地机器人打扫地面。烹饪食物时，也有厨房电器帮助我完美管理温度和时长。添加盐分时，则通过智能音箱谷歌 Home 计算正确的数值。

那么，在这一系列的家务流程中，我只做了这几件事：

· 使用安卓系统的平板电脑，上网购物。

· 按下扫地机器人和拖地机器人的开关。

· 按下厨房电器的开关。

· 对谷歌 Home 下达计算指令。

然而，如果没有这些科技产品的话，我将会：

· 步行或骑车去超市，拎着沉重的购物袋回家。

· 用吸尘器清理地面后，再用抹布擦地，然后将抹布洗净、拧干。

・为灶台生火，开始翻炒或蒸煮，并时刻紧盯火候。
・使用计算器计算调味料的克数。

可以说，我付出的时间和精力是十分惊人的，光是想想就会觉得麻烦。

所谓控制家务，其实就是考虑怎样才能在不需要亲自动手的前提下完成它的过程。在现代生活中，大部分家务都能运用科技代劳，所以请尽情享受科技的恩惠吧。

或许有些人觉得这些高科技产品价格昂贵，但是喝酒时却出手阔绰。其实一台家用电器的价钱只是几次酒钱而已。

将家中环境保持在一个随时能够邀请人做客的清洁程度，亲手为客人制作美味菜品，同时以一身干净的白色连衣裙迎接客人，这些都能提升我们的自我肯定感。

那么，怎样才能做到这些呢？重点就在于，面对存在于这些表象背后的诸多家务，我们都应维持主观能动性，决不能丧失控制权。

尤其是，家务和工作不同，家务通常仅在家庭内部完成，可以说是非常方便我们发挥控制权的类别。并且，能够立刻看到成果。

请大家一定要尝试主动控制家务，当然，这种方法同样适用于对其他领域。

第六章

控制娱乐

大脑不活跃便会僵化

超级控制狂的压台项目就是"娱乐"。

订阅我的邮件杂志或关注我的社交网站的人应该都知道,我这个人非常爱玩。和我共事的上念司先生甚至评价我"主要在玩耍,抽空再工作"。

实际上,此刻写着这些文字的我,一直在使用音乐平台听J-POP 和古典音乐。听腻了就使用 Play Station4 的卡拉 OK 软件高歌 5 首,尽兴之后再回归案头继续写稿。

如果有整块的时间,我就会出门游玩。每个月会去两次高尔夫球场,到了夏季,我每周还会出一次海。

总有人说:"我要是像胜间女士一样有钱有闲,这些事我也能做到。"

但是,我这个爱玩的习惯可不是现在才有的。

我从小学、初中的时候起,整年都在玩耍。进入社会的二三十岁那段时间,我要比现在穷得多,也没有太多的空余时间,但是我那时就很爱玩,只是抽空才工作。20 多岁的时候,我仔细阅读了一遍公司的员工福利手册,研究如何能用 3000 日元左右申请能在盂兰盆节和新年等繁忙期与公司签约的住宿设施里留宿一晚，或者积极申请本区居民能够优先申请的价格低廉区公共设施。

没钱、没时间，所以没办法娱乐，这种想法是错误的。
一旦决定好了，就认真思考该如何做才能玩得好，就算金钱和时间上并不充裕，也能找到解决方法。

如果一直在工作，大脑就会逐渐变成"工作脑"。这样一来，我们的思考方式就会被限制在一定的条条框框里。我觉得这样其实很危险，所以会尽量用娱乐活动充实生活。

打高尔夫可以构筑优质人际网

娱乐最大的好处是什么呢？我认为，通过各种娱乐，我们能够结交新的朋友，扩展人脉，不断获得新想法、新知识。

我曾在研讨会上告诉大家：
"如果想要知道一个在金钱方面比较富裕的人的生活方式及行为习惯，不要通过媒体了解，而应该实际和他们共度一段时间。"

这时会有人提出疑问："我身边没有这样的人，该如何才能结交到他们呢?"

此时我会建议:"先别考虑个人喜好,尝试从打高尔夫开始吧。"

为什么我会建议打高尔夫呢?因为高尔夫这种运动需要开车前往,球杆等球具也比较昂贵,使用球场的租金也比较高,一旦玩起来一整天都会待在球场——当然只有那些既有钱又有闲的人才能坚持。

大部分年轻人在金钱方面应该都不太富裕。不过如果买些二手高尔夫球具,避开场地费较高的双休日,也能尝试高尔夫这项运动。

接下来再参加高尔夫的学习课程,交些朋友,或是参加课程主办的学习会或高尔夫交流比赛,就能够认识很多打高尔夫的朋友了。这样,必然会在一定概率上会遇到非常有钱有闲的人。

并且,在实际上手击球之余,高尔夫有很多空闲时间,多和同一组的人交流,你将会在一天之内听到很多成功的经营者的奋斗史。

与此同时,听听这些成功人士接下来准备做什么,也是大有裨益的。

想要拿高分，女性需掌握哪些技巧

我是从 2012 年起正式开始打高尔夫的，到现在总共打了 7 年了。但说实话，我的球技并不太好，分数基本在 90~100 分之间徘徊。

但其实这里面是有说法的，成绩在 90~100 分的女性的实力其实要比呈现出来的分数更好。因为女性的肌肉力量只有男性的七成，所以高尔夫球的飞行距离就会相对较短。然而，女性用的球钉却只比男性短一成，最多两成。因此，女性就要平均比男性多挥出 10 杆。

例如，男性通常打完一轮后距离总计平均值是 5800 码，女性则多为 5200~5300 码。但除以 0.7 的话，如果女性打出了 5200 码，男性就应该打出 7400 码以上才算公平。因此，分数过百的女性可以说凤毛麟角。

如果想和男性的得分相比较，测试一下自己的实力，将一轮下来的总距离除以 0.7，才会得出一个比较准确的判断。如果是按 7400 码来推算，你会发现很少有男性能够分数过百。

顺带一提，近一年内，我大概在半场规定标准杆为 36 的地方打出了 42 杆的成绩，可以说状态非常好。其实我的成绩能够进步是有窍门的。

我当时特别希望能够提高自己的高尔夫成绩，但是我平时没有太多时间练习。因此，**我决定，不再拘泥于挑选高性能的球杆，而是换成适合自己当下的实力和力气的款式。**

在高尔夫大国美国，这其实是一种主流做法。根据自己的体格和挥杆方式寻找合适的球杆，以目前的实力也能够获得更好的分数。

我认为这种思维方式也适用于工作。

想要突然提高自身实力是很困难的。我们应该主动选择一个能够发挥自身实力的工作内容和工作场所。

不知为何，总有人认为加倍努力，付出大量时间和精力，就能够有所收获。可惜的是，最终你会发现你的实力其实并没有显著变化。

用高尔夫举例的话，如果想让女性选手得分更理想，缩短女性球钉才是最有效的。

无论是打高尔夫还是工作，选择一个能够充分发挥自身能力的场所，是获得更好结果的关键。

如何将家打造成优质的娱乐场所

我们经常会在家中听音乐，或是观看电影及动画。估计很多人都会在家中安装网络光纤，有时也会有房间网速很慢，或者失去连接的情况出现。

如果想在家中自由地享受音乐和影视，关键就在于要让网络遍布家中的每个角落。我在博客及社交网站上经常会收到如何构建家中网络环境这类问题。那么在此，我给大家介绍一套在进行各种尝试之后得出的便捷舒适的网络环境搭建方法。

自 2018 年秋季起，我开始使用无线 mesh 法。

一直以来，我搭建家庭网络的方法都是一台主机（路由器）连接复数的子机（手机或电脑）。因此，主机和子机离得越远，连接主机的子机数目越多，网速就会越慢，有时候还会掉线。

无线 mesh 的用法是，在家中每隔一定距离就设置一台主机。也就是说，在家中放置数台主机，完成交互通信，使整个家都有网络覆盖。这种方法一直以来都被用在手机基站上，但是 2018 年起，一台家用无线 mesh 的路由器价格仅需 1 万日元就能买到，这种搭建方法逐渐普及开来。

无线 mesh 同样能够通过 SSID 将家中的几台手机和平板电脑、台式电脑等连接起来。这和手机中转器一样，相当于在家中的各个角落也设置了中转器。使用这种网络搭建方式后，我手持平板从一个房间走到另一个房间时，网速也不会变慢或断开连接，便捷程度得到了显著提高。

在我们家，加上无线 mesh 在内，所有电视的 HDMI 端口都连接了谷歌的电视棒。将电视棒插到电视上后，就能通过智能音箱或安卓系统发出指令了。不仅如此,还能在电视上轻松收看网络视频。

只需对着谷歌 Home 发出"打开视频网站播放电影"的声音指令,电视就会自动打开电源开始播放,非常方便。

此外,博士(Bose)的扩音器和扬声音箱都能通过 HDMI 端口联动,所以无须使用遥控器,只需对着谷歌 Home 说一句:

"OK,谷歌,请播放德彪西。"

电视就能自动打开电视棒,并同步开启扩音器,通过扬声音箱播放音乐。

无论是观看视频还是收听音乐,都只需要用谷歌 Home 开启即可。

顺带一提,配备有全录像功能(能够录下三周内的所有频道节目)的硬盘录像机和扩音器连在一起,这样能通过录播方式回顾一些比较热门的节目。有空的时候,我还会收看高清画质的纪录片。我家里买了一台配有全录像功能的硬盘录像机,只要通过无线 mesh 和全屋电视相连,就能使其在任何一台电视上打开。如此一来,就能像在网上搜索视频一样,通过平板电脑和台式电脑观看之前已经播出过的电视节目了。

我们不是要让自己适应电视节目的播放时间,而应该主动控制观看电视节目的时间,这才是正确的超控制型思维。

头戴式 VR 眼镜

如果想用超大屏幕看电影，一般会用投影机将画面投射到白幕上观看。但是设置投影机和放下白幕其实都挺费工夫的。

在这方面掀起颠覆性变革的，就是 Oculus Go 这种头戴式 VR 的问世。

只要戴上这种大号泳镜一样的头戴式 VR 眼镜，眼前就会展开一块超过 100 英寸的屏幕。不仅如此，我们的视野所及之处也不会有任何障碍物。这会让我更加沉浸在影视剧的世界中。

Oculus Go 的价格大约在 3 万日元左右，比起购买配备投影机和白幕的钱，买一台 Oculus Go 会节约不少。

除此之外，用 Oculus Go 来玩游戏也非常适合。一个人玩的时候，能够全身心投入虚拟的游戏世界中，真是酣畅淋漓。而且还能连接网络，和相隔两地的朋友对弈。可以说，Oculus Go 令我的娱乐环境瞬间丰富了许多。

现在，我基本会按一周一次的频率，在虚拟空间和朋友相约一起玩些非常有真实感的棋盘游戏。

边走边阅读的方法

我每个月都会阅读大量书籍。虽然我本身也掌握了快速阅读法，但是，更重要的原因是我掌握了在各个场合中都能从书本中获取信息的方法。

我会尽可能购买电子书籍,这是因为按照我购书的量,家中完全没有足够的摆放空间。而且想要回顾内容时,可以在电子书中随时使用检索功能。如果想要继续阅读未读完的书,也可以在其他的终端上直接定位上次读到的位置。以上这些,都是电子书的便捷性。

我尝试过在各种终端上使用 Kindle 电子书的朗读功能,最终得出结果:使用亚马逊的 Kindle 终端是最合理的。

Kindle Fire 的最新机型是具备朗读功能的,只要按下播放键,就可以选择用 1~4 的倍速来听一本书。

苹果或安卓手机也具备朗读功能,不过一旦锁屏,朗读就会自动停止,这会让人感到不便。

我主要在乘坐交通工具时使用这种朗读功能。乘坐地铁或公交时、走路时、开车时,我都会使用朗读功能"听"书,非常方便。

因为是电子音,所以听起来或多或少会有些生硬,但是想掌握一本书的内容,这样已经足够了。

此外,我还会积极购买有声书。

有声书的优点在于,它是由人类朗读的,声音具备自然的抑扬顿挫。在使用时打开其他软件,它会自动转为后台播放模式,这也是它的一大优点。

大人的游乐场

娱乐具有建立人际关系网的功能，关于这一点，我在前文中已经举了高尔夫一例。其实不仅限于高尔夫，很多类型的娱乐都能为人们建立关系网。

一个典型的例子就是麻将。我一有时间就会邀请四五个牌友，在高尔夫球场附近组织两日一夜的"麻将合宿"。比起输赢，几个好友长时间聚在一起聊聊近况，或是探讨一下自己的弱点和最近遇到的问题，同时愉快玩耍，真的太开心了。

也可以把不同的游戏组合在一起玩，例如"高尔夫 × 麻将"或"高尔夫 × 卡坦岛[①]"。卡坦岛适合3~6人一起玩，而且还能根据参加人数扩充玩法，是一个非常有魅力的游戏。

即便是在家中，我也会经常邀请朋友来家里举办"合宿游戏"活动。大家一起用PS4唱歌，在客厅打乒乓球，玩剑玉，活动身体，或者玩些棋盘游戏、打麻将。如果肚子饿了，我会使用厨用家电烹饪，请大家吃饱喝足。最近PS4上的卡拉OK的音乐呼出功能进步了很多，画面和声音的效果也完全不逊于实际的卡拉OK店。并且还有评分功能，大家唱同一首歌来一比高下也是非常有趣的体验。

[①] 一种多人玩的思考策略图板游戏。

朋友们都说，我家举办的这种活动叫作"属于大人的游乐场"。

朋友们来到我家能够一整天都沉浸在游戏中，度过愉快的时光，迟迟不愿离开。

我希望大家都能实际沉浸到这样的游戏体验中，体会不借助酒精，只要有充足的娱乐活动，就能感到十足的快乐的感受。

一旦数名成年人聚在一起，必然离不开酒。但是，正如我在第三章中提到的那样，我并不喜欢酒，饮酒会让我失去对自身健康的控制权。只要和合得来的朋友拥有共同的爱好，那么就完全不需要借助酒精。甚至可以说，不喝酒的人生才更加快乐。关于这一点，我真心希望大家能够明白。

因此，我才会邀请朋友来家中做客，体验不借助酒精的娱乐活动。对于那些不喝酒就无法快乐玩耍的人来说，这或许是稍有些冲击性的体验了。不过很多朋友来我家体验后，都反馈饮酒量减少了、好像不喝也行或者就算没有酒感觉也没什么大不了的。

海水浴就是要冲向"浪里"

我在第四章中也提到过，因为考取了船舶驾驶执照，所以每到夏季，我会驾驶共享船舶出海旅行。

共享船舶的大小从25英尺到41英尺不等，可随意挑选，我每次都会召集一同出海的伙伴，然后根据人数选择船只大小。最近一次，我选择将船暂泊在三浦半岛小纲代湾，这是一个宁静的小港湾，我们就这样在海上悠闲地度过了一整天。

饮食一般都是自行准备的，如果有空的话，我也会使用船上的发电机来烧烤。从船上跳水、潜水，或者玩桨板——这是一种使用大型冲浪板，挥动船桨拨水，在前进的冲浪板上享受海中散步的游戏。

人们都会下意识觉得有钱人才能开游艇，但其实按出海的人数平分船舶租金和燃料费后，一个人只需花费5000~7000日元就能出海玩一整天了。

夏季的海边真的很舒适，但是一想到海岸和游乐区域人山人海，饮食也不甚美味，厕所距离又很远，就会因为嫌麻烦而退却。如果转换思路，把"海水浴"换成"大家一起驾着船出海"的方法，以上的诸多难点就全都解决了。

驾船出游实在太好玩了，以至于我身边的朋友们也纷纷考取了船舶驾驶执照。考到执照的人越多，出海时就能够轮流驾驶，而且瞭望和停泊的工作也能更加轻松。

告别酒精，度过充实生活

人们总认为娱乐是工作之余的放松，还会认为旅行、高尔夫等都是有钱有闲的人才会进行的活动，但事实并非如此。如果能率先计划好娱乐的内容，尽量将自己的时间和预算控制在能力范围内，那么我们本来是能够享受多种娱乐方式的。

在日本，人们常用"现充"这个词来揶揄那些耽于娱乐的人，但我却认为娱乐和工作同等重要。正是因为有了娱乐，我们才能更愉快地工作，而工作结束后，又能继续娱乐。这两种行为既可互补，又可各自生辉。

而且，一门心思扑在工作上，交友范围会变得非常狭窄。但是通过娱乐，我们能够结识不同行业的人，人际关系网也能得到扩展。新的人际关系又能进一步带来新的工作机会，长此以往会产生更多良性的循环。其实越是工作上获得成功的人，越会在娱乐方面表现得积极且十分在行，交友关系也是惊人的广泛。

在此，我想再强调一遍，请大家一定要将酒精赶出你的生活。只要体会过没有酒精的娱乐，你就不会再想体验那种需要喝酒的娱乐了。每个人都理智、有礼有节地聚在一起，也就不会出现纠纷了。

不喝酒，也就不会出现不必要的拖延，到了事先约定好的时间，大家就准时结束娱乐活动，这样既能互相关照，也能帮忙收拾打扫。这种温馨时刻如果被酒精夺走可就太浪费了。

比起酒精，更重要的是优质的人际关系、美味的食物，以及令人愉悦的兴趣爱好。尽情玩耍一整天后，第二天既不会宿醉也不会感觉疲惫，只有快乐的回忆留在脑海中。而这些快乐的回忆会变成新的动力，促使我们更努力地工作。

　　从我们的大脑结构上来看，想要控制酒精是不可能的。我想，每个喝酒的人都会经历一两次酒后失态，导致一些追悔莫及的尴尬事。
　　正因如此，我们才应远离酒精，避免受到酒精的控制。如此一来，麻烦和困扰他人的情况也会显著下降。
　　所谓主动控制，其实也是远离那些反过来控制了我们自己的事物。
　　希望在工作、金钱、家务、健康、娱乐等方面，我们都能掌握控制的主动权，最终体会到收获成果的喜悦。

后 记

为了能让大家更加积极地控制各种事物，我在本书中提供了诸多方法。

在解释控制型思维的时候，我经常提到一件事：

"人们为什么一定要在中午12点去便利店呢？"

我希望大家能够仔细思考这个问题。

在东京，中午的便利店的收银台前经常会排很长的队伍。这是因为很多人都只能在12点开始午休，所以他们会在便利店排队买午饭。

但是，只要和公司商量或调整一下工作安排，一般都能将午休时间调整到11点或下午1点。如果实在没办法，只能在12点午休，则应该换个思路，提前购买或是在家中制作午餐带来公司。

或许很多人认为在拥挤不堪的便利店里排队并不痛苦，但在我看来这是非常危险的想法。

我们对于那些能够控制的事物，最应该做的就是始终保持"控制"的意愿，否则，我们就很有可能会随波逐流，被环境的变化，或者是机制、制度、人等牵着鼻子走。

"实在没办法""不得不忍耐""总归会有结果"，请大家绝对不要再说这样的话了。

除此之外，当面对那些十分擅长控制自身的人时，我们总是会带着一些个人倾向，认为是那个人比较特殊或那个人估计是作弊了才做到的，并以此来打消掉自己认知中的不协调。

这就和伊索寓言中的狐狸一样，想吃桌子上的葡萄却又够不到，于是就说"葡萄酸"。

既然想吃到葡萄，那就可以借助工具，也可以拜托别人帮忙，还可以让桌子倾斜或者搬来椅子。总之，有很多办法可以获取葡萄。

对着看起来沉甸甸，无比诱人的葡萄，非要告诉自己它是酸的，这在方向性上就是错的。

能够想出来的方法是海量的，只要肯尝试就一定能解决问题。

其实我们有九成的决定都是在无意识中做出的，有意去做的事只占一成。并且，最近还有说法认为"岂止九成，人的决定有十成都是无意识中做出的"。那么，无意识的决定究竟是如何做出的呢？其实就是参考了自己过去的经验，以及观察周围人是怎么做的而已。

因此，我们应该尽量积累更多成功控制的经验，观察自己身边实际拥有控制能力的人，告诉自己："我也希望能和这个人一样。"这种想法不能只是想想，还要实际理解并接受。

我在本书中列举了各种控制案例，其实也是出于以上原因。我想为那些"原来如此，这样的话肯定能做得到"的例子，添加更为生动具体的一笔。

如果有人说"因为是你，所以才会这样讲吧"或"我要是能像你那样有钱有闲，我也能做到"，那他们就是为了消除认知中的不协调，在"吃不到葡萄，说葡萄酸"。

在本书中介绍的这些方法中，如果有哪种方法给大家带来了一些启发，请大家一定要积极尝试。这会成为一个开启我们的控制型思维活动的开关。我希望，大家能提出更多、更好的我还没有想到的办法。

希望大家能够主动控制周围所有的事物。

不给他人添麻烦，而是为了让自己身边的人也能过上更好的生活，彼此之间以一种互惠互利的方式进行"控制"，这也是控制型思维的基础。我们不能为了满足自己的欲求而干扰他人，而是应该大家一起思考是否有更好的选择,这也是我在这本书中想要传达给大家的。

希望大家都能够享受拥有控制权的生活。

胜间和代

KATSUMA-SHIKI CHO CONTROL SHIKO by Kazuyo Katsuma
Copyright © 2019 Kazuyo Katsuma
All rights reserved.
Original Japanese edition published by Achievement Publishing Co, Ltd, Tokyo.

This Simplified Chinese edition published by arrangement with
Achievement Publishing Co., Ltd, Tokyo in care of Tuttle-Mori Agency, Inc., Tokyo

本书中文简体版权归属于银杏树下（北京）图书有限责任公司
著作权合同登记号 图字：22-2023-034

图书在版编目（CIP）数据

稳定感 /（日）胜间和代著；董纾含译. — 贵阳：
贵州人民出版社, 2023.12
　　ISBN 978-7-221-17742-1

　　Ⅰ.①稳… Ⅱ.①胜… ②董… Ⅲ.①成功心理—通
俗读物 Ⅳ.①B848.4-49

中国国家版本馆CIP数据核字(2023)第144553号

WENDINGGAN
稳定感
［日］胜间和代　著
　董纾含　译

出 版 人	朱文迅	选题策划	后浪出版公司	
出版统筹	吴兴元	编辑统筹	王　顿	
策划编辑	代　勇	责任编辑	龙　娜	
特约编辑	李雪梅	装帧设计	墨白空间·曾艺豪	
责任印制	常会杰			
出版发行	贵州出版集团　贵州人民出版社			
地　　址	贵阳市观山湖区会展东路SOHO办公区A座			
印　　刷	天津中印联印务有限公司			
经　　销	全国新华书店			
版　　次	2023年12月第1版			
印　　次	2023年12月第1次印刷			
开　　本	889毫米×1194毫米　1/32			
印　　张	6.75			
字　　数	137千字			
书　　号	ISBN 978-7-221-17742-1			
定　　价	39.80元			

官方微博：后浪图书
读者服务：reader@hinabook.com 188-1142-1266
投稿服务：onebook@hinabook.com 133-6631-2326
直销服务：buy@hinabook.com 133-6657-3072

后浪出版咨询（北京）有限责任公司　版权所有，侵权必究
投诉信箱：editor@hinabook.com　fawu@hinabook.com
未经许可，不得以任何方式复制或者抄袭本书部分或全部内容
本书若有印、装质量问题，请与本公司联系调换，电话010-64072833